を選んだ理由

高野山真言宗僧侶 / 心理カウンセラー　塩田妙玄

ハート出版

新装版に寄せて

『ペットがあなたを選んだ理由』は、河川敷近くの動物保護活動現場での実体験を元に、私たちがいつか直面する愛するペットとの死をテーマに書いたものです。この本は発売当初から私の手を離れ、広く多くの方に愛され、思いがけずロングセラーになった幸せな本です。

この度は、装い新たに新装版として刊行していただけることになりました。

この本を初めに執筆していたときから十年余り経ちますが、大急ぎで変容していく世の中において、うちの子と私たちの関係性は驚くほど変わっていません。私たちの保護活動やうちの子に対するお世話は、病気に一喜一憂したり、おしっこを拭いたり、いいうんちに喜び、安らかな寝顔に愛おしさを感じる。相変わらずそんなふうに泥臭く、非合理的でアナログな世界のままです。

犬猫たちとのコミュニケーションツールは未だ翻訳機ではなく、昔ながらの観察眼とこの子を理解したいという思いの模索。生前のあの子に望むこと、伝えたい言葉、あの子としたい約束事や虹の橋を渡ってしまったあの子に私たちが望むこと。それは「また会いたい！」の思いだったり、「今も変わらず愛してる！」という叫びだったり、泣きながら伝える「大好きだよ！」という言葉だったり。

そんなうちの子に対する私たちの思いは時空を凌駕し、〝不変〟なような気がします。それは、愛というものが不変であることの証明に他なりません。私たちの思いは不変なのですが、あの子の死に対する解釈は、ひと昔前から少しずつ進化しているようにも感じています。

死は別れではないかもしれない。うちの子との出会いには何か意味があるように思える。なぜ、私のところに来てくれたんだろう？「死」を忌み嫌い、遠ざけ、畏《おそ》れているばかりの世界から、私たちは「死に光と再生を」求め始めた時代に突入したような気がします。

「どうしてもこの子との縁を死で分かちたくない！」そんな情念をお持ちの方や、あなたの最愛の子との別れに直面したばかりの方々に、そんなメッセージを届けられる本でありますように。

本書を執筆時（平成24年）には存命だった愛猫はんにゃも、天にお返ししました。

合掌　令和5年　庚申（8）月　森林の施設にて　塩田妙玄

❤まえがき

数ある書物の中で本書を手にとっていただき、ありがとうございます。

拙僧とご縁をつなげていただき、本当に嬉しいです。

あなたのそばには、今、大切な愛犬・愛猫がいるのでしょうか？

それとも、愛する子を天に送ったばかりでしょうか？


私のそばにもかつて、「しゃもん」という雄のシベリアンハスキーがいました。

しゃもんはモデル犬としても、数々の仕事をしてくれて、ペットライターをしていた私の仕事のパートナーでもありました。

しゃもんと出会い一緒に生きた12年半は、20代〜30代女ざかりの私が、とにかく「しゃもん」しか目に入らない時期でもあったのです。

仕事が終わると山にこもり、何日もキャンプをしながら、一緒に山を走り、川で泳ぎ、雪山を登り……そんな至福の時代でもありました。

私たちの旅が400泊を超えた頃、『だから愛犬しゃもんと旅に出る』（どうぶつ出版）こんな著書も出版しました。

こんなに愛おしい存在があったのか。

こんなに尽くせる存在があったのか。

自分の命より大切だ、と思える存在があったのか。


そんな「愛」や「絆」を感じると共に、この「宝物」を失いたくない。このままずーっと一緒にいたい。死ぬなら一緒に死にたい。とにかくしゃもんが一番大切。

そんな傲慢な思い。強い執着に苦しんだ12年半でもありました。

とにかく、しゃもんと別れることが辛くてどうしようもない。しゃもんのこととなると、自分の感情がコントロールできない。

そんな「愛」と「執着」を振り子のように行き来する業《ごう》の深い毎日を送っていました。


そんな生活の中である日、ふっ……と、こんなに愛する存在を得ているのに、なんで私はいつも辛さや恐怖でいっぱいになるのだろう？

今、愛する存在と一緒にいるのに、私はなぜ？　心穏やかで幸せでなく、自分勝手で傲慢なのだろう？？　こんな疑問を持ち始めました。

それからは、いろいろな偶然（……じゃないけどね、絶対）と何かの導きによって、さまざまなことを勉強し、体感し、しゃもんが亡くなる前には、ほぼ現在の「死は別れではない」という考えを、諦観《ていかん》と共に受け入れていたように思えます。

しゃもん亡き後、さまざまな経緯があり、私はペット・ライターからカウンセラーとなり、高野山の僧侶となりました。この流れの中でも、すでに天に帰ったしゃもんが道を示してくれた不思議な出来事が数多く起こるのですが、この話はまた他の機会に譲ることにします。

その後、高野山での長く厳しい修行を終えて、下山した在家の（寺を持たない）私は、長いあいだ僧侶としての生き方を手探りで探す日々が続きました。

そんな迷走の果てに「やっぱり私は文章が書きたいんだ！」こんな結論にたどり着き、書き上げたペットとの話。

「ホームグラウンドに帰ってきたなぁ……」でもライ

しゃもん

ター時代と違い、なぜか髪の毛がありません……みたいな（笑）

翌朝、自分で書いた原稿を見て、「なんじゃこりゃ？　こんなの書いたっけ？」そんな箇所も多々あり、書かせてもらったのではなく、書かされた（動物の神さまに？）、のかもしれません。

本書は完全に私「妙玄の世界観」です。

私が体験し、感じ、受け取り、咀嚼《そしゃく》して表現したものです。独特な感覚、世界観なので、受け取るも拒否するも、読んでくださった方の選択です。

私としましては、異色だけど良きものを書かせていただけた、と自負しております。しゃもんの生前、私がその生に散々執着し、もがき、苦しみ、そこから、それらの思いを昇華させ、軽やかに人生を歩むようになった自分の人生観を書きました。

どうか、私の失敗が、本書を読んでくださった方の参考になりますように。

どうか、死は別れではない、死してなお成長し合う関係にもなれる、ということを感じてもらえますように。

そして、対ペットだけではなく、家族や周囲の関係性のある方すべての生と死ということに対して、何か得る気づきがありますように。そんな祈りを込めて書き上げました。

また、特定の信仰もなく僧侶になるなんて夢にも思っていなかったペット・ライター時代に、犬にしゃもん（沙門＝修行僧の総称）、猫にはんにゃ（般若＝般若心経より智恵の意）と名付けました。しゃもんは夢枕獏氏の小説の猫の名前からもらい、はんにゃは子猫のとき恐い般若顔をしていたから……。ただそんな理由からの命名でした。

……が、僧侶となった今では何やら見えない導きを感じます。

さらに、たまたま手持ちに一枚しかなかったはんにゃの顔アップの写真が表紙になりました。この写真がまた、あきらかに自分の意思を持って読み手のみなさんに何かを語りかけているようです。

そんな、こんなの摩訶不思議。

ようこそ、妙玄ワールドへ！

どうぞ、お楽しみください。

はんにゃ

現在一緒に暮らすおしゃべり猫

◆目次

第6章　祈り

第1章
魂は語る

嫌われクロの生まれてきた意味

妙庵《みょうあん》（妙玄の庵《いおり》）周辺のノラ猫さんたちは、小さな休憩所や大家さん公認の駐車場などで、えさやりさんたちにご飯をもらっている。

外から見えないように隠れて自宅の庭に外猫用の小屋を作り、集まるノラさんたちにご飯をあげている人もいる。

都会で暮らすノラ猫たちの命は、このような人たちの優しさと善意に支えられて、生きながらえているのだ。毎日のご飯と安全な寝床をゲットできたここ周辺のノラさんは、ほとんどがメタボである。

駐車している車の間からサッカーボールが転がってきたと思ったら、猫だったりする。

う～ん、いくらなんでも、その体型は猫としてどうよ。

まっ、いいやね。

幸せそうだし、ノラさんは脂肪をつけて冬に備えないとならんしね。

このように、いつも私が見る行動圏内の光景は、猫たちの切羽詰まった雰囲気もなく、まぁ、いいやな、といったふうだった。しかし、警戒心が強いながらも周辺住民と平和に共存してきたノラさんたちからはみ出すように、眼光鋭く、

「あっしは、生粋の野良でござんす！」

という小柄な黒猫が現れた。

その黒猫は、私が毎日通るマンションのゴミ収集所周辺で暮らし始めていたのだが、この黒猫はあろうことかマンションのゴミ袋を破り、中身をぶちまけ、中のゴミをあさるのだ！　それもほぼ毎日‼

近所のえさやりさんの話だと、この子はご飯をもらえる場所場所で、他の猫に嫌われていつも追い払われてしまうのだそう。

う〜ん。それは困ったなぁ……。

よくよく観察していると、この黒猫は確かにお友達が一匹もいない。

その上、人は敵だと認識している。

猫が近寄ると、シャアー！

人が近寄ると、シャアー　シャアー!!

で、マンションのゴミをぶちまける。

どうも、猫社会のルールも、人社会のルールもわからないようなのだ。親猫がそんな生きていくルールを教えないうちに死んだのか、生き別れたのか。いずれにしろ、この黒猫はあちこちからはじかれて嫌われて、それでも何とか生き抜いてきたんだろう。

猫社会のルールを知らず、ご飯をもらうグループにも入れず、体が小さいからケンカも弱い……。しかも、人間社会のルールも守らず、ゴミあさりなんてするもんだから、野良たちの頼みの綱である人間からも手痛い目に遭わされてきたらしい。とにかく、

「お前らみんな敵だろう！　フンガァーー!!」

ってな感じで生きている。

困ったねぇ、お前。

ゴミをぶちまけていたら、怖い人が捕まえにくるんだよ。

わかんないよなぁ〜、そんなこと。

で、もっと困ったのは私である。

私はこの困ったちゃんに「クロ」と名づけ（そのまんまや）、クロがぶちまけたマンションのゴミを毎日掃除するはめになった。

ゴミあさりをさせないためにご飯をあげに行くのだが、定時の仕事ではない私はクロのいる場

所に行く時間もまちまちで、会えない日も多い。(猫は時間に正確で、自分が待っている一定の時間にご飯がもらえないと、どこかに行ってしまうのだ)
会えない日の数時間後には、ゴミが散らばっている。
ク、クロよ……。
そんなときは、思わず地面にひざをつき、一気に脱力する。

時間があるときには、自宅に掃除道具を取りに戻るのだが、時間がないときには、私が帰宅するまでマンションのゴミは散らばったままである。

まずいんだよなぁ、この状況は。

案の定、何人かの人に追い払われているクロの姿を見かけた。

クロは人にも思いっきり嫌われていた。

運よく会えて、こそこそご飯をあげるも、クロはシャァー、シャァー‼　とずっと怒っている。

怒りながらご飯を食べる。

そんな報われない日々が続く。

私と会えない日にクロがマンションのゴミあさりをできなくするために、むき出しのゴミ収集場に深夜、カラスよけネットを設置しに行く。

「ああ、どうかおまわりさんや管理人さんに見つかって、ややこしいことになりませんように」

そう祈りながら、ネット設置。

うんうん、いい感じ。クロもゴミあさりができないし、収集場がきれいになった。

すると、数日して……。

「最近、ゴミがあらされるのでネットを設置しました。猫などにエサをやらないでください。b
y管理人」の張り紙が。

「なんじゃこりゃ〜⁉」

あんたさ（張り紙の管理人）、ゴミがあらされてても、掃除もしなけりゃ、なんの対策もとらなかったよね？　なんなの？　この自分の手柄みたいな張り紙。

しかも、猫にエサやるなってどういう了見なんじゃぁ〜‼

マンションのゴミ収集所はきれいになったが、私はますますクロにご飯をあげづらくなってしまった。

自業自得？　いや、その熟語、違うだろう……。

結果、仕方なく何日もかけクロをマンション脇の路地に誘導し、エサやり場を移動した。

せまくてひんぱんに車も通るから、ここもいい場所じゃないけど仕方ない。路地の住宅地にはあちこちに車が駐車してあって、いつもクロはどこかの車の下で私を待つようになった。

しかし、困ったことに私を待つのがクロだけではなくなった。

ぞろぞろ、ぞろぞろ……増えはじめ、５匹の猫が私を待つようになってしまったのだ。

公園でご飯をもらっている子もいれば、「あんたさ、あそこの白いベンツのうちの子だよね？」

あきらかに飼い猫まで混ざっている。しかもデブ。

「あら、おやつ？　う〜ん、いただいておこうかしら？」

冗談じゃねぇ！　飼い猫はうちで喰え‼


コソコソご飯をあげるには、目立つ場所に加え、大所帯。

しかも、ここでもクロは集まってきた他の子に嫌われて、シャァーと怒鳴られ、パンチをくらい、追い払われてしまうのだ。

クロ、思いっきり嫌われてるなぁ。

他の子はケンカもせず、私の足元に集まってきているのに、クロだけ遠くの車の下からこちらを見ている。

う〜ん、困ったぞ。

本末転倒。

悩んだすえ、他の子にはご飯をあげないで、クロだけ一匹になるように誘導し、ご飯をあげることにした。

ごめんね。ごめんね。みんなだって、欲しいよねぇ。

けれど、大所帯でエサやりができる場所じゃないうえに、私はクロに毎日時間を合わせ、ひんぱんに場所を変える誘導をするだけで、目いっぱいだった。

みんなは夜まで待って、公園でもらっておくれ。

クロにご飯をあげている間は、携帯をいじるフリをして見張りをする。通る人からクロが見えませんように。

車の下を借りている、ここの住人が出てきませんように。

クロがまわりにこぼさず、きれいに食べてくれますように。

そして、早く喰え‼　クロ‼

男なら（メスかもしれんが）ガガガーっと食べるんだよ！

遅いんだ、ほんとうにクロは食べるのが遅い。

ご飯に顔を突っ込んだまま、もしゃもしゃもしゃ「シャァー！」。もしゃもしゃもしゃ
「シャァー‼」

20分くらいかけて怒りながら食べる。

クロ、怒ってる暇あったら、早く喰え。

ま、きのうは会えなかったしね。とクロの身になってひたすら待つ。しかし、クロは食べ癖も

悪くて、食器の中の缶詰を周辺に散らかすのだ。

クロが食べ終わって私に向かい「シャァァー!!」と怒って去ったあと、ティッシュで散らばったご飯を拾い、掃き掃除をし、濡れぞうきんでふきとる。

一連の作業を素早く済まし、軒下を貸してくれたお家に（無断でだけど）手を合わせて、終了。

結局、エサやりの時間がまちまちなので、クロを探し、来るのを待ち、会えたらご飯の見張りをし、掃除して帰ってくるまで1時間以上かかる。

それでも、会えてご飯をあげられたときはいいのだが、時間が合わなかったり、雨続きで会えないと心配でかわいそうで苦しかった。

保護活動をやっている方だと、もっと効率良く、確実にご飯をあげられるノウハウとかあるのだろうけど。


そんなすったもんだの日々の中、腰がフラフラしている見たことのない猫が突然現れた。首輪もなし。腰が悪いらしく動きが緩慢でかなりの年寄り。車も自転車もよけない。

ノラ？　いや、こんなんで生きてこれないだろう。

エサやりさんに聞いても、この猫は見たことない、とのこと。で、泣く泣く保護。

しかし、どうしよう……、事情があってうちには置けない。

この後、いろいろな経緯があるのだが、結局この子は迷子猫で、飼い主さんが張り紙をして必死に探していた。このことがわかったとき、「ひゃぁぁ〜！　た、助かった」私と飼い主さんと迷い猫は、同じ気持ちだっただろう。

で、すごいことに、この猫の飼い主さんの家は、クロの移動エサやり場の真ん中にあり、小さなオープンガレージに物置がある。実は、雨の日には、ひそかにこの物置の下をクロのエサやり場に借りていたのだ。

そこはなんとか雨もあたらず、物置の下はちょうどクロ一匹が入るので、他の猫にご飯を取られる心配もない。というベストプレイスなのだ。ただ、人の家の敷地なので、よっぽど大雨のとき以外は近寄れなかった。

年寄りで、腰がフラフラの迷子猫を届けると、飼い主さんは号泣し喜んでいた。もう、猫だけで外には出さないこと、外に出すなら首輪をして飼い主がついていてくれること、の二点を約束してもらった。

飼い主さんは快く了解。

雰囲気の良いところでここぞとばかりに、クロの話を切り出してみた。

物置の下をエサやり場に貸していただけないか？　もちろん完璧に掃除をするので、と話すと、

「どーぞ、どーぞ。お使いくださいい」ふたつ返事でＯＫ！

やったぁぁ〜　やったぞ！　クロ。安全な食事場所ゲットだぁ〜。

これからは堂々とご飯があげられる。

「情けは人のためならず」

私はルンルン♪　と有頂天だった。

早速その夜から、お借りした場所にクロを誘導し、ご飯をあげる。

物置の下にすっぽりと体が隠れるけれど、すぐに逃げられるこのオープンガレージは、クロも
いたく気にいったようだった。私とクロのごきげんなご飯タイムが数日続いた。

クロはだいたい夜の９時から11時までは、私を待っていた。

仕事先、外出先から走って帰る日々が続く。

そんなときに、首都圏に台風が接近。

その上、私は仕事の都合で連日11時過ぎの帰宅になってしまった。

嵐の中、あわてて行くもクロには会えなかった。

会えないまま３日が過ぎた。

台風が去り今日はとにかく、９時に行こう。下手したらクロは３日も食べていない。

生のマグロとゆでたささみ、ドライフードを持って９時前に行く。

クロはいない……。待つこと30分。

待ち合わせ場所の物置に、力なくクロが現れた。

「クロ‼」。思わず大きな声をあげると、

「にゃぁ〜」

驚いたことにクロが初めて、甘える声で「にゃぁ〜」と鳴いたのだ。私を見つめながら……。

「クロ、クロ、ごめんね。ご飯だよ」

クロは物置の下で、ご飯に飛びついてきた。おかわりを食べ終わると、いつもはシャァーと怒りながら、脱兎のごとく走り去っていくクロが、私を見つめたまま座っている。

「どした？　もういいの？　お腹いっぱいになった？」と話しかけると、クロはもう一度、ほんとうにかわいらしい声で「にゃぁ〜」とひと言返事をして、ゆっくりと暗闇に消えていった。

クロとの距離がぐっと、近寄ったこと。これからは、この安全な場所でご飯をあげて、少ししたら避妊去勢手術をしよう。なつくことに希望があるなら、里親だっていけるかも。

なんともいえない安堵感。今までの苦労が一気に報われた思いだった。


翌日。

そのまた翌日。

さらに翌日……。

晴天の日でも、クロは現れなかった。

一週間、十日、二週間。再びクロと会うことはなかった。

なんで⁉　なんで⁉

こんないい待ち合わせ場所ができたのに、これからゆっくり、お腹いっぱいご飯が食べられるのに。せっかく、仲良くなれると思ったのに。これからだったのに、なんで？　なんで？

待ち合わせ場所に通いつつ、私は毎日泣いていた。

私たちの蜜月はたった数日だった。クロ……死んじゃったんだ。事故？　それとも、つかまったのか？

かわいそうに、かわいそうに。クロ。クロ。クロ。

こんなむくわれない人生なら、クロはなんのために生まれてきたのか？　人にいじめられ、猫に嫌われ、いつもお腹がすいて、小さい体で、一人ぼっちで……。

こんな生になんの意味があるのだろうか？　あきらめきれず、クロとの待ち合わせ場所に通い続けて一カ月がたった。

やはりクロは現れない。

クロを思い出し、またグスグス泣きながら目的もなく、なんとなく近所の本屋に入った。

ぼーっとしていたせいか、私は入り口の玄関マットにつまずき、平積みにされた絵本に手をついてしまった。

「いてて……」

ふと手の下の本に目がいく。

佐野洋子さんの『100万回生きたねこ』（講談社）

この絵本は猫好きならずとも、名作として高く評価されているロングベストセラーである。もちろん、私も持っていたが、もうかなり昔の絵本がなんで今日に限って、入り口に平積みになっているのか？　なんで、私はこの本に手をついたのか？

なんとなく気になった私は、帰宅して改めてこの絵本を読み返してみた。

◇　◇

あるオス猫は100万回も転生し、100万回の人生を経験していた。

いろいろな人生で、いろいろな飼い主と出会う。

いろいろな飼い主に愛されるのだが、この猫は人間も猫も大嫌いで、自分が死んだときに、泣いてもらっても何も感じなかった。

そして、自分が死ぬことなんか怖くなかった。

なんせ、猫として100万回も生まれ変わってきているのだから……。

そんなオス猫がある日、一匹の白いメス猫と出会う。

自分に媚《こ》びない、このメス猫と初めての恋。

１００万回の人生で初めて知る「一緒にいたい……」という気持ち。

メス猫は子猫を生み、やがて子猫は旅立ち、老夫婦二匹の穏やかの生活。

そして、年老いたメス猫の死。

この１００万回生きたオス猫は、メス猫の体を抱きしめ号泣する。

１００万回の人生で初めて、泣いたのだ。

泣いて泣いて泣いて泣いて泣いて……

そのまま死んだオス猫は、もう二度と生まれ変わってきませんでした。

◇　◇

とこんなお話である。

何度も読んだ本だが、読み終えて衝撃が走った！

クロだ！　まさにクロの人生じゃないか⁉　クロは不幸に死んだんじゃなくて、初めて愛情と信頼を知って「死ねたんだ」。絵本のオス猫同様、クロもこの人生で、「愛と信頼」を知ることが生まれてきた目的で、私に向かい、初めて甘えた声で「にゃぁ～」と泣けて、

「死んでしまった」のではなく「死ぬことができた」んだ。

強烈な衝撃。気づきだった。

もちろん、クロのその後の生死はわからない。絵本に関連づけているのは、私の解釈である。

しかし、全てができあがった物語のように法則性があるではないか。

心理学の基本に**「現実は事象ではなく認知である」**というとらえ方がある。

ようは、クロがなんで「にゃぁ〜」と甘えた声で鳴いたのか？

なぜ、すったもんだの後、運よくご飯場が確保できたのか？

なぜ、その後いなくなったのか？

そもそも、なぜ私とクロは出会ったのか？

この一連の出来事は、意味付けをしなければ、なんてことのないことである。ただ、嫌われていた一匹の野良猫と少しの期間、出会い、別れただけの話だ。しかし、この出来事の流れに法則性を見出し、意味を持たせることもできる。

クロはこの人生で「愛と信頼」を知ることを目的に生まれ、傷つきながら「愛と信頼」を知ってこの人生の目的を終えた。

信頼とは愛の別名だと、私は思っている。信頼できる相手とは自分の味方であり、安心できると同時に安全な自分の居場所であるのだから……。

クロの生まれてきた目的が達成されたところで、この人生は終わった。

周囲からことごとく嫌われたクロの人生は、無意味なんかではなく、ちゃんと「目的と意味」があったのだ。そう考えると、全ての生に意味がある。

どんなに小さい生き物でも、どんなにちっぽけに思える人生でも、その生にはその人なりの「目的と意味」があるのだ。ただ、人生のひとつひとつの出来事に意味を見出すか、漫然とやり過ごすかはその人次第である。

その考え方に気づき、クロとの別れに泣いて悔やんで、苦しんでいた私の生活が一変した。その瞬間、数々の出来事が、輝かしく、課題と意味があり、悔いなきものに変わったのだ。全ての出来事に意味があり、気づきへと続く法則性があった。

クロは「死んじゃった」んじゃなく、「人生の目的を果たし、終えることができた」。そして、私は心理学の基本である「現実は事象ではなく認知である」というとらえ方、またスピリチュアルな分野での

「人生とは起こった出来事でなく、解釈でできている。その解釈で人生は天国にも地獄にもできる」

という意味を体感したのである。後悔と疑問に苦しみ、泣いてばかりいた生活が、軽やかに明るくなったのだ。

クロがどうなったかは、わからない。

クロが悲惨に死んだのか、どこかで生きながらえているかは、わからないのだ。だったら、この出来事を嘆き悲しむより、自分なりに気づきと意味付けを持たせよう。

「どんな人生にも意味がある」

「どんな場面でも気づきがある」

「どんな出来事も、良きものとするか、悪いものとするかは自分次第」

「助ければ助けられる。与えれば与えられる。人生はやったように返ってくる」

クロには多くのことを教えてもらった。だったら、「クロ、ごめんね」と泣くのではなく、「クロ、ありがとう‼」と笑って感謝をしたい。同じ出来事でも、解釈（認知）の仕方で、天国にも地獄にもなる。

クロとの出来事を悲しく苦しい過去にするのも、明るく新しい考え方として未来につなげるのも、自分次第だ。どんな出来事も自分の解釈次第で天国になるならば、人生から全ての悪いことがなくなる。私はクロのこの一件の気づきから、それからの人生をどんなことがあっても、楽観的に生きるようになる。そうやって、重い出来事、悩みから解き放たれたとき、人生を軽やかに生きていくことができる。

仏教や心理学は、このような生き方、考え方を説くのだが、実際に気づきに続くような出来事を体感しないと、身に染みにくい。しかし、逆説的だが、その気づきのチャンスは、大事件の中でなく、日常生活の中に散りばめられているのだ。そこに、気づくか、気づかないかは、自分次第。自分の解釈次第である。

このときの私は、クロの「言葉」や「感情」をキャッチすることはできなかったけれど、それ以上のコンタクトがとれたと感じている。

人はそれを「絆」と呼ぶのだろう。

野良猫チャンクの遺言

それはまだ私が東京・六本木にほど近い、とある商社に勤めていた頃の出来事。

出勤途中、いつものように大通りを歩いていると、歩道の縁に一匹の猫が死んでいた。状況から見て車にはねられたらしく、四肢を投げ出した格好で、すでに息絶えていた。おそらくまだ1歳にもなっていない幼猫といった、幼い身体。

確かにかわいそうな姿なのだが、ひかれた猫の死体、というのは都会ではそんなに珍しいことではない。いくら動物好きとはいえ当時の私は、「かわいそうに……」とは思っても、申し訳ないが死んだ猫に逐一、さほど反応していた訳ではない。

しかし、どうしたことか、そのときの私は違った。

出勤時間の人通りの多い道端で、その子を見た途端、号泣し、崩れ落ちてしまったのだ。

「まだ小さいのに、なんて哀れな」

「こんな車が通るところで、さぞかし怖かったことだろう」

「苦しかった。怖かった。寂しかった。悲しかった」

「誰も助けてくれない。こんなに人がたくさんいるのに」

こんな自分の妄想？　推測？（もしかしたらこの子の声？）で頭がいっぱいになり、とにかく自分でもびっくりするほどの大声で、わんわんと泣き続けたのだ。なんというか、自分で自分の感情のコントロールができないのである。こんなことは初めてだった。

さらに私を感情的にさせたのは、その猫の中途半端な大きさだ。何もわからない子猫でもない、経験を積み修羅場を生き抜いたおとなでもない。どうにかこうにか、生きてきた幼い身体。この子は人の温かい手も知らずに死んだのだ。人の手は猫を追い払うばかりでなく、猫を抱きしめ「あったかいね。大好きだよ」と守る手でもあるのに。

誰にも愛されなかった。人の温かさも知らないで死んだんだ。そんな思いで体中がいっぱいになり、私は人目をはばからず、その猫を抱きしめながら、叫ぶように泣き続けた。

朝の人ごみの中、猫の死体を抱きしめて号泣している女。しかたなく（たぶん）声をかけてくれる人が何人かいた。その人たちも出勤途中で急いでいただろうが（ほんとは私も）、「すみません。近所で段ボールとミルクと花と猫のご飯を買ってくるので、この子を見ていてください‼」

ほとんど恫喝のような口調と態度で、人の親切心につけ込んで、その人たちに猫の死体の見張りを頼み、私は埋葬グッズを集めに六本木の町を走りまくった。

30～40分ほどして埋葬グッズをゲットし、戻ったときには、人の良さそうな若いサラリーマンふうの男の人が涙目になって待っていてくれた。私を見るなり「じゃあ、急ぐんで」と脱兎の如く走り去って行った。いい人だ。

この人のいいお兄ちゃんは、大切な会議に遅刻して降格されたかもしれないが、その後心優しい奥さんをもらったはずである（たぶん）。

私はその猫をタオルを敷いた段ボールに入れ、花で埋め、ミルクとご飯を添え、段ボールを抱えて会社に行った。その間もなんとしたことか、泣きっぱなしなのである。連絡もせず大遅刻した上に、猫の死体を持ってきて泣き叫ぶＯＬ。なんて恐ろしい態度。

社会人失格というか、人としてどうよ？

はじめは怒っていた上司だが、猫の死体を抱いたまま壊れたサイレンのような大声でぎゃあ～ぎゃあ～泣きわめく私に、「塩田さん。お願い。今日は帰って」。

まっ、邪魔なだけだしね、いても。

私はそのままお寺に向かい、猫に「チャンク」と名前をつけて合同葬をしてもらった。

「なんにも、できなかったねぇ」「ごめんね」「死んだ後に、こんなことしても仕方ないよねぇ」

こんな言葉とともに、チャンクを荼毘《だび》にふした。

ぐったりしつつようやく帰宅。

その頃はまだ若犬だったハスキーのしゃもんに今日の報告をした。

「あのさ、わかんないけど、チャンクが来られるように枕元に座布団置いて寝るからね」

しゃもんにそんな言葉をかけて、眠りについた。しゃもんはいつものように、私の隣で四肢を伸ばしていた。

深夜。

ふと目をさますと、隣に寝ているしゃもんが首だけ上げ、枕元に置いた座布団をじ～っと凝視している。つられて座布団を見る。何もいない。なんだろうなぁ。

しゃもんは身じろぎもせず、座布団を見ている。よくよく座布団を見ると、（ん？　凹《へこ》んでる!?）そう、座布団に小さなくぼみができているのだ。

「来てるの？　チャンク！　チャンクでしょ？　来たの？」

猫の姿は見えないが、座布団に向かって語りかけると、私の頭に声のイメージが響いた。


「泣いてくれてありがとう」

次の瞬間、私は目を覚ました。

「夢⁉」

しゃもんと目があった。彼も起きていたのだ。どこまでが夢？　なんだかよくわからないが、チャンクはきっとここに来たのだろう。お礼を言いにきてくれたのだろうが、私は釈然としなかった。

「泣いてくれてありがとう、ってなんだろう？　泣いただけで、何もできなかったのに、なんでありがとうなんだろう？」

このときの私には、チャンクの真意がわからなかった。その意味がわかったのはそれから10年後、しゃもんが死んだときになる。しゃもんが死んだとき、いろんな友人からいろいろなお悔やみをいただいた。どんな言葉や花、励ましより、私が一番うれしかったのは、しゃもんのために、そして私のために泣いてくれたことだった。

これは予想外の感覚だった。

そのときに10年前のチャンクの言葉が頭に響いた。

「泣いてくれてありがとう」

うれしかったのだ。あの小さな魂は、自分の死を泣いてくれたことが、うれしかったのだ。初めて自分は大切に思われた。初めて自分の存在を認められた。初めて愛される感覚を知った。自分の死を泣いて、悲しんでもらえた。

なんだかそんなチャンクの気持ちに対する確信めいた感覚があり、「ああ、この子は私が泣いて悲しんだから、成仏できたのだなぁ」と感じた。こんな理屈をつけるのは自己満足かもしれないが。

このときに感じた「泣くのが一番の供養になる」という感覚が、今の私のご供養の土台になっている。もちろん、いつまでも何年も泣き悲しむのは違うのだが、大切なものを亡くした人には「何か言葉をかける」「励ます」のでなく、亡くなった人を思い、残された人を思い、ただ寄り添って「泣く」という行為は、一番自然な供養の形ではないか、と私は思う。

チャンクは小さな体でそんなことを私に教えてくれたのだ。


実は、チャンクに関してはもうひとつ不思議な話がある。

チャンクに会う数ヶ月前から、私は「柳の枝も幽霊」状態に悩まされていたのだ（怖い怖いと思っていると、風に揺れる柳の枝も幽霊に見えるの意）。

どういうことかというと、とにかく、やたらめったら霊が見えるんだか、見えた気がする、という状態になっていた。夢で怖い霊の夢にうなされる。起きると横に知らない顔がある。身体をつつかれる。家がバシバシ鳴る……。はじめは夜暗いところでしか起きなかった現象が、そのうち夕方、しゃもんの散歩をしていても起きるようになった。角を曲がると、ふっと立っている（霊がね）。

目の前をふっと横切る。もちろん、気のせいかもしれない。怖い怖いと思っている私の気持ちが、幻覚を見せているのかもしれない。私には霊感がないし、霊能者でもサイキックでもないんで、ほんとのところどうなんだか、わからない。別に実害がないといえばない、何気ないことなんだけど、

怖いんだよぉぉぉ～‼　私は！

気のせいでもなんでも怖いものは怖い。寝ると怖い夢見るし、起きると脅かされ、夕暮れにちらちら現れ。こんなことが続き、私は不眠になりノイローゼ気味だった。

しゃもん？

しゃもんは霊をじ～っと見ているか、道を変えるか、よけて歩くだけ。漫画にあるように吼《ほ》えたり、私を守ったりしない。まっ、アウトドア派の私たちの信条は「自分の身は自分で守れ」だしね。で、そんなこんなの最中にチャンクと出会ったわけなのだが、チャンクを天に送って数日たったとき、なんとなくチャンクのことを思い出していると、ふっと、

「わたしはなんの力もない小さな子猫ですが、神さまにお願いしました」

という声のイメージが飛び込んできた。このときも、その言葉の意味は全然わからなかった。

それから数日たち、

「あれ？　そういえば最近怖いもの見てない」

そう、よく考えたらチャンクを荼毘にふしてから、私は霊を見なくなっていたのだ。

「私はなんの力もない小さな子猫ですが、神さまにお願いしました」

ああ、そうか。そうなんだ。チャンクありがとう。あの世のことだから、あの世でお願いしてくれたんだね。この世でできることもあれば、あの世に逝ってからできることもあるんだねぇ。勉強になるなぁ。

私はそれからまったく怖いものを見ないよ。

すごく嬉しい。本当に安心して眠れるし、怖いものがなく生活ができるってすごいことだ。ありがとう。ありがとう。チャンク。すると、

「あんなに泣いてもらったときは、もっと嬉しかった」

この声のイメージを最後に、その後チャンクの存在を感じることはなかった。

私はいまだにチャンクが神さまにしてくれた「お願い」に守られて暮らしている。

この子とは何か強い縁があったのだろうな、お互いね。

＊注釈

文中でチャンクの「声が聞こえた」ではなく「声のイメージが」と記してあるのは、明確な言葉として聞こえるわけではなく、「そんな声のイメージ」がした、という感覚だからです。たぶん「聞こえる」のではなく、「感じる」のだと思います。

虐待犬プッチのお葬式

友人のりえちゃんが、その扱いに見かねて引き取った一頭の中型ミックス犬がいる。

名前はプッチ。体重15キロほどで茶色の中毛、たち耳。生粋の雑種の風貌である。プッチは散歩も子犬の頃にしてもらっただけで、ほぼ13年間、庭先の犬小屋に短いリードでつながれっぱなしの犬だった。ご飯といえば、安物のドライフードをそのままコンクリの地面にばら撒かれた状態。当然、暑さ寒さ、病気の対策もしてもらえない。

殴られたり、蹴られたりすることだけが虐待ではない。プッチのような環境に犬を置く、これも立派な虐待である。ある獣医師がこんな名言を言った。

「犬は走ってこそ犬。猫は自由でこそ猫」

さまざまな山の中でハスキーのしゃもんと過ごした経験から、私も本当にそう思う。動物はつながれてしまったり、ケージに閉じ込められてしまうと、本来の能力を全て取り上げられてしまう。命をつなぐ全ての権利を人間に掌握されることになる。自然の中で自由にさせた犬と暮らすと、犬本来が持つアウトドア能力に驚愕することが多い。

人間は何も持たされず、自然に放り込まれると、ほとんどの場合何もできない。だって、そんな状況になったことないしね。

人間は生まれたときから、電気を始めとした文明やさまざまな機器とともにあったから。

自然に放された犬は、のどが渇けば自分で川を探し、お腹が空けば何かの死体を食べたり、捕獲したりして、自分のことは自分でする。

さらにずば抜けた五感（聴覚、視覚、嗅覚、味覚、触覚）の他に、第六感（シックスセンス）を駆使して、野山を疾走し、たくましく生きていく能力を持つ。もちろん、犬種にもよるし、自然環境にもよる。

ハスキーのように野生が強く、アウトドア能力の高い犬もいれば、人に忠実であり、人と共にあることを喜びとする犬種もいる。愛らしさを最大の武器として、人の庇護を得ることを生きる能力とする小さな犬もいる。このような**「犬種本来の能力を全て封印してしまう飼い方を虐待」**と私は定義している。

そんな環境にいたプッチを見かねたりえちゃんは、ときおり飼い主に代わり、散歩をしていたのだが、意を決して郊外の仕事場であるゴルフ場に引き取ることにした。東京郊外のこのゴルフ場には、スタッフもいて、仕事の合間に世話をしてもらえる。

10畳のケージ（でかい！）に朝夕のロングリードでのお散歩付き。呼びが利《き》かない（呼んでも戻ってこない）プッチは、国道に面したゴルフ場で放してあげることはできなかったが、それでも抜群に恵まれた環境を手に入れた。りえちゃんもときおり都内の自宅から、茨城のゴルフ場に通い世話をする。そんな生活が3年半続いた。

16歳半のある夏、プッチが突然倒れた。病院に日参するも、腰の神経がだめになっているようで、もはや立てない。プッチは倒れてから、冷暖房が完備され、目の届きやすいスタッフルームに移された。

しかし、通常のゴルフ場業務を持つスタッフは、なかなかこのような寝たきり状態の犬の介護ができない。都内で生活するりえちゃんが、電車で往復4時間かかる距離を3日おきに、介護に通う。

りえちゃんはなるべく自力で歩かせたいと、プッチの身体にシャワーネットを巻き付けゆっくりと歩かせる。床ずれがひどいので、低反発マットに寝かせる。りえちゃんにとって、初めての介護。人に聞きながら、インターネットで調べながら、不器用な介護が続く。

そんな介護のかいあってか、プッチは寝たきりになりながらよく食べていた。しかし、ますます人の手を借りないと生きていけなくなったプッチを、りえちゃんは自宅に連れてきた。ゴルフ場ならばスタッフもいる。しかし、自宅に連れてきたら、全てを自分ひとりで抱えることになる。

初めての介護。自分にできるのか？

犬を飼うこと自体が初めての経験。それも、もともと自分の犬ではないから様子もわかりづらい。自宅に連れてきたプッチは、あろうことか病状が一気に悪化した。

口から泡を吹き、よだれが止まらない。替えても替えても、シーツがびっしょりに濡れる。発作のせいなのか、突然近所に響きわたるような叫び声をあげる。

どこか痛いのだろうか？

身体をさすろうとすると、また叫ぶ。いったい何を言ってるのだろう？　わからない。

獣医師は認知症の症状というが、本当にそれだけなのだろうか？　怖い。何をしていいか、わからない。どうしよう、どうしよう……。

この子の言ってることがわからない。私はこの子を死なせちゃうかもしれない。

夜中に何度も何度も起こされる。

その度におろおろと、排泄補助をしたり、身体をさすったりする。

15キロあった体重がひと桁台になってしまった。りえちゃんは自分が寝られなくなり、なかばパニック状態。一日中ひとりでプッチの介護をしながら、泣き続けるようになってしまった。プッチが叫ぶ。りえちゃんがおろおろと世話をする。さらに、目をむき出してプッチが叫ぶ。りえちゃんは恐怖に震え、泣きながらひとりで不器用な介護を続ける。

そうこうしているうちに、プッチのおしっこが出なくなった。もう、自分ではできない。このままでは、死なせてしまう。そんなりえちゃんを見かねた友人の紹介で、犬猫看護士であり、病気の子の預かりをしてくれる方とご縁がつながり、プッチの世話を頼むことにした。

プロの看護士さんは、りえちゃんがどうしてもできなかった、うんちやおしっこの排泄をさっと済ませる。全てにおいて、世話の仕方がスムーズだ。

プッチの病状はすぐに安定した。

りえちゃんは一日おきに面会に行っていたが、自分が手を放し、お金でプッチを人にまかせることに、強い罪悪感を持っていた。

「私は自分では何もできなくて、もうせめてお金で人に頼むしかやってあげられることがない」

「私にはこの子を助ける力がない」

「私にはこの子の言葉も聞こえない、何もできない」

自分の貯金を切り崩し高額な費用を捻出しながらも、そんな罪悪感をしきりに繰り返すりえちゃん。物事は渦中にいると、なかなか冷静な判断ができなくなる。客観的な立場から一連のこの状況を見て「本当にこの方は何もできなくて、最後に人任せにするなんて」という人がいるだろうか?

一日おきに、りえちゃんはごちそうを持参し、面会に行っていた。だんだんと食べなくなるプッチ。これは、もう安楽死も視野に入れたほうがいいのではないか? そんな話が出るたびに不思議とプッチはまた、食べ始める。

意識は混濁しながらも、りえちゃんが行くとわかるようだった。そんな日がしばらく繰り返された。もう長くはない。ならば、この子の言葉を聞いてみたい。要求があるなら、聞いてあげたい。

そう思ったりえちゃんは、ある「アニマルコミュニケーター」を訪ねた。

事情と経過を説明し、「この子は何をしてほしいのか?」を聞いた。アニマルコミュニケーターは「この子は感謝の念だけですよ。すごく暖かいイメージです。(人の気持ちに包まれて幸せ。死ぬことは怖くない)と言っています」そのように言われたという。

後日その話を聞いて、私は「えええええー、そぉ〜かぁ〜?·?」と思った。

この子、そんなきれいごと、言ってるかなぁ〜。

けれど、その人はりえちゃんがもがき苦しみ、訪ねて行った人なのだ。

今、苦しいりえちゃんにこの人を否定すると、彼女の行動も否定してしまうことになる。

「そうか、そう言われたんだ。その言葉を聞いてりえちゃんはどう思った？」とだけ聞いてみた。

「う〜ん、そうねぇ。そうなのかなぁ……って、思った」と言った。


三月、桜が散る頃、預け先でプッチが逝った。

りえちゃんからプッチの死の知らせと、あした都内のお寺の火葬場で送ることとの連絡があった。

「私もお経をあげさせてもらいに同行してもいい？」

と聞いたら「来てくれるなら嬉しい」と言ってくれた。当日、僧侶の正装（白衣《はくえ》、空衣《うつお》〈黒衣《こくえ》〉、如法衣《にょほうえ》〈袈裟《けさ》〉）をして、お寺の待合室へ。りえちゃんと旦那さまは到着していて、プッチはきれいな籠のベッドの中、お花に囲まれて眠っていた。

りえちゃんが、私を見た途端「さっちゃん（私の本名）。そんな正装してきてくれるなんて‼」と泣きだした。そういえば、りえちゃんは私の坊主の正装を見るの初めてだっけ。友達には見せる機会ないもんなぁ。

私は籠に寝かされたプッチに頬ずりし、両手で身体を包むと、プッチの今の感情？　とも残留思念ともわからない思いが流れてきた。

そのとき「お時間です」案内の人が火葬の時間が来たことを告げに来た。

ペットのための小さな火葬場。葬儀スタッフが喪服で並ぶ。念珠《ねんじゅ》〈数珠《じゅず》〉をすり、気を集中する。プッチの遺体を前にして、供養のお経をあげ始めると、高い位置にある正面の小窓からサーッと光が差し込んだ。

幻想的で荘厳な光景。般若心経がそんな空間に響きわたる。

お経が終わり、プッチが火葬されている間の待合室で、旦那さまが興奮気味に「いやぁ〜、今日は本当にすごかった。塩田、わざわざ正装して来てくれてありがとう！」と言ってくれた。

「きょう、俺の誕生日なんだよね。こんな忘れられない日に葬式して、坊さんまで呼んで、最後はうちの苗字になってプッチは死んだよ。すごい犬だよなぁ〜」

りえちゃんも気持ちが高揚している。

「ほんとにすごい！　あの般若心経はすごかった。お坊さんまで呼んじゃうなんてね〜。ほんとすごい犬だよ」

あれだけ泣いてばかりいたりえちゃんが、晴れ晴れとした顔をしている。今までの経過を話していた雑談から、ふいに「アニマルコミュニケーターが言ったプッチの言葉」の話になった。

「あのさ、私が感じたこと伝えてもいい？」私は思い切って切り出した。私が感じたプッチの言葉を伝えたかったのだ。

通常はそんなこと言わないのだが、りえちゃんは友人であるし、何でも言い合える、という信頼関係の土台があるから、友人として伝えたかったのだ。

「うん」りえちゃんが答える。

「あのさ、私は霊能者でも、見える人でもないし、アニマルコミュニケーターでもないから、私の気のせいかもしれないんだけど……。プッチはりえちゃんに上手な介護をしてもらいたかったんじゃなくて、りえちゃんをただ振り回したかったんだと思う。もちろん本人が意識して身体をコントロールしたわけじゃないけど、発作を起こしてりえちゃんに、もっとかまって、もっとわたしを見て、もっとわたしに注目して！　そんな自分に対しての貪欲さを感じるんだ。その度にりえちゃんが、おろおろして自分の心配をしてくれる。自分のために泣いてくれる。自分の世話をしてくれる。今までの人生で、そんな特別な愛を受けてこられなかったプッチは、りえちゃんがパニックになるほど、関わってくれたことがまさに、わが意を得たり。今までの分を埋めるが如く、もっと、もっと、もっと！　わたしのためにっ！　て。わがままな貪欲さを感じるんだ。アニマルコミュニケーターが言ったこととと全然違うけど……」

ここまで言って、「しまった、言い過ぎた」と私は思った。いくら友人とはいえ、世話していた犬のことを「わがままで貪欲」って、言っちゃった。

カウンセラーモードじゃなかったからなぁ。どうしよう……。

そんなことを思っていたら驚いたことに、りえちゃんが次の瞬間「やっぱりー‼」と言ったのだ。

「やっぱり、そうだよね！　私もこの子は生きることにすっごく貪欲だと思ってたの。アニマルコミュニケーターに言われた、感謝の念とか、愛とかそんなきれいなことじゃないような気がしてた。そうだよ～、今、さっちゃんに言われてすごくストンと落ちた」

あ、良かった。じゃあ、もうひと言、言っちゃえ。

「そうだね、苦しみながら泣きながら、関わってもらいたかったんだね、りえちゃんに。上手な介護でなくてもいいから、もっとやって、もっと関わって！　もっとわたしを見て！　だから、この子はそれをしてくれる人、自分のためにおろおろパニックになるまで関わってくれるりえちゃんのところに来たんだよ」

りえちゃんが答える。

「そうだよね、私はアニマルコミュニケーターから聞いた言葉が、どうにも、ふに落ちなかったんだよね。やっぱりそうだよね！　と納得できない。納得できないから、プッチの言葉だと思えない。わからないのが一番いやだった。さっちゃんに「わがままで、貪欲」そう言ってもらって、すごくふに落ちた。上手な介護をひとつもできないで、かえって苦しませてしまったと後悔していたけど、あれで良かったんだね」

と久しぶりにりえちゃんが笑った。

「うん。プッチは満足、満足、って言ってるよ」と私が言うと、りえちゃんが「そう？　満足してる？　もっと生きていたかったんじゃないの？」と言うので「違うよ。満足して生を終えたとかじゃなくて、散々りえちゃんを振り回したことに対しての満足、だよ」と言ったら、「なるほど、それはその通りだよ」りえちゃんがうなずいた。

人は「得心《とくしん》」しないと抱きかかえた物事を消化できない。

人生の与えられた課題（問題、出来事）を最終的に得心（納得）するから、その課題を消化（昇華）させることができる。

そんな会話をして、その後、小さな骨壺にプッチは収まり、りえちゃん夫婦の家に帰っていった。家族の一員となって。

帰りの道すがら、ふ〜ん、こんな犬もいるんだなぁ、と私は考えていた。

わがままで貪欲。飼い主に対して云々よりも、自分の欲求に対して貪欲。そんな行為は確かに一見、わがままで貪欲に見える。しかし、プッチのこの行為は生き物として当然の行動である。

私たちは生きていくにあたり、心の根底に「自分は誰かにとって、特別な存在である」という感覚が必要なのだ。誰かが自分を（特別に）大切にしてくれる。誰かが自分を必要としてくれる。ゆえに自分が生きることに価値がある。

このような感覚を持つから、人は世間の荒波やさまざまな辛い体験を経て、社会で生きていくことができる。

「自分が生きていることには価値がある」この感覚がないと、人は生きていくことが困難になる。

通常、この感覚は赤子~幼少期にかけて、母親から受け取るものである。

「自分は特別な存在である」

「自分を大切に思い、世話をしてくれる人がいる」

「外で何かあっても、逃げ帰れる安全な場所がある」

そんな、自分に対しての自己肯定感は、私たちの人生に不可欠である。マザーテレサが「貧困の中でも最も貧しい貧困は、パンの飢え以上に、愛の飢えによるものです。人はパンのみでは生きられません。愛の飢えによっても人は死ぬのです」と言った言葉は本当に名言だと、私は思う。

犬猫も同じ。

捨てられて保護した子猫は、ご飯をただ与えても食べないことが多い。ガリガリにやせてお腹がペタンコであっても、たとえそれが高級なミルクや栄養食でもだ。食べられないほど衰弱しているわけでもなくとも。

それが、抱いてあげる、かまってあげる。「よく頑張って生きてきたね」「もう大丈夫だよ」「いいこ、いいこ」などの声がけをする。

そうすると、バクバクとご飯を食べ出す。

食べる↓元気に遊ぶ↓寝る↓食べる↓感情表現を始める。特別な存在として愛される環境の中で、心身は健全に発育していく。「好き・嫌い」「楽しい・嬉しい」「これはイヤ！」などの感情は、安全な場所でないと発達しない。

虐待を受けた子どもや犬猫が無表情になり、感情を示さなくなるのはそのような経過がある。

プッチは13年間つながれたままの環境にいたが、あわれと思った近所の人たちが、プッチをかわいがってくれた。そのお陰で、プッチはなんとかひねくれずにいられた。

しかし、不器用ながら愛情いっぱいのりえちゃんに会って、本来の自分の欲求が爆発したのではないか？

「もっと！　わたしを見て」「もっと！　かまって」「もっと、もっと、もっと」。

りえちゃんは盛んに「私にはプッチの声が聞こえない」と私に言っていた。けれど、私がプッチから受けた言葉？　思い？　を伝えたあとは、雑談の中ではよく「この子は生きることに本当に貪欲だったよ」「プッチはすごい生に執着してた」「この子はとにかく生きたかったんだと思う」と言っていた。

りえちゃんよ、それが「アニマルコミュニケーション」って、言うんですけど。

ただおもしろいことに、りえちゃんはプッチに対する感覚を「とにかく生きていたかった。生への執着」と表現したが、私は「自分自身への執着」と表現した。

どちらも間違っていない。表現の角度が違うだけ。

「生きる＝自分」だからだ。

ペットの声は言語化されたものではなく感覚なので、受け取る人により、このように表現の違いがでるのだなぁ。新たな発見だなぁ、なんておもしろい。

りえちゃんには将来、旦那さまと動物保護活動をしたいという夢がある。今回の経験は、その夢につながるものだと私は感じた。

「今回の一連のことで、りえちゃんは何を学んだと思う？」

と聞いたら、

「うん、人間の過剰な思い入れはよくない。過剰な思い入れをすると、相手が見えなくなって自分のやりたいことをやっちゃう。そして、自分の感情に溺れていた、と思ったなぁ」

りえちゃんが今回学んだ感覚は、動物保護活動をやるには必要不可欠な感覚だ。救済ありきではなく、まわりと協調、調和しながら、愛ある中にも冷静な判断が必要だからだ。不幸な動物たちを助けて、自分が病気になってはいけない。不幸な動物たちを助けて、自分の家庭、生活を破綻させてはいけないのだ。私は、そんな活動家をたくさん見てきた。

りえちゃんが別れ際にポツッと「プッチとのこの経験を旦那としたのは、今後私たち夫婦がやりたいと思っている犬猫保護活動の経験につながるのかも」

と自らつぶやいた。りえちゃんがプッチを助け、プッチがりえちゃんの気づきをうながす。

このような相互援助が私たちとペットの本来の関係性ではないかと、私は思う。

ペットたちは決して、人に庇護されるだけの存在ではない。ペットの声を感じるにしても、「私には聞こえない」「わからない」と全ての可能性を否定するのではなく、「気のせいかもしれないけど、この子はこう言ってる気がする」から始めてみたらいいのではないか？　どうせ、他人に伝えるわけでもない、自分の中だけの会話。だったら、否定ではなく肯定して感じたほうが楽しいではないか。

蛇足だが、その後りえちゃんとなんかの話の中で、私が「プッチは、〇〇〇って言ってるんじゃないの～？」と言ったら、りえちゃんが「えええ、そうかなぁ」と困惑した。

ご、ごめん。りえちゃん。今のはフツーに冗談だったのよぉ――――！

第2章
出会いの意味

ペットが教える「飼い主との出会いの意味」

「何百万という出会いの中で、なんでこの子はうちに来たのだろう？」

「なんで、この子だったんだろう」

私たち飼い主は、その子との暮らしの中で、何度となくこんなことを考えるのではないだろうか？　ペットの運命は飼い主によって決まる。ペットたちの命、人生、生活の快不快は、飼い主によって決められる。

しかし、数多くのペットと暮らす人々を見ていると、その出会い「どのペットを飼うか？」は、飼い主ではなく、ペットサイドが決めているのではないか？　と、思ってしまうことが多々ある。

寒い小雨が降る日に、うっかり小さな箱に入った子猫を見つけてしまった。

亡くなった最愛の犬に、そっくりな被災犬を見てしまった。

（この場合のそっくりは、あくまで自己申告である）

最愛の黒ラブを亡くしたばかりの友人が、ある被災地で里親募集していた黒っぽい柴犬のミックスを見つけて、「ああ！　私のカイト（亡くした黒ラブ）にそっくり。ああ、神さま」と号泣して、その柴犬を引き取ったとき、犬仲間一同は、（似てるの、黒ってとこだけじゃ……）と思ったのだが、もちろんみんな「ホントだ、カイトよ！」と大賛同。

「すごい、神さまが引き合わせてくれたのよ」

「カイトの生まれ代わりよ」（柴ミックスは成犬であるのだが、そんなことはどーでもよくなっている）

かなりてきとーであるが、犬仲間はかわいそうな被災犬と、わが子を亡くした飼い主のために、なんとか飼わせてしまえ、の気持ちがまんまんである。

まぁ、それで、人も犬も救われるのだから、それでいいのだが。

果たして、私たちはこの子たちを、飼ってあげたのだろうか？　いや、飼わされた、または拾わせていただいたのではないか？　何かの策略、陰謀によって。

以前、ある獣医師に「塩田さん、猫は拾ったら負けだよ」と言われたことがある。拾ってしまった数匹目の子猫の診察の際、「塩田さんの人生、負けっぱなしだね」と笑われた。

むっ、なんじゃそら‼（怒）非常～に不愉快である。不愉快であるが、今思うと、確かに負けっぱなしである。だいたいが、勝負にもなってないけど。

ペットとのご縁って、どうもペット自身と神仏がグルになって、「(飼い主は) こいつにしよう」とか決めている気がする。ブリーダーのところにわざわざ出向いて、買った子犬だって、その子と神仏が見えない糸で、クイックイッとあなたをそのブリーダーのところへ、引っ張っていたのだ。

私たちはまんまとこう言わされる。

「ああ、この子だ！　なんて、運命的な出会い」

「本当にすごい偶然で、この子と出会ったのよ」

違う！　違う‼　あなた、はめられたんだってば！

思うつぼである。

はめられはしたが、うちに来てくれたこの子が、「強い縁」と「深い学び」を持ってやってきたのは事実である。どう世話するのか？(できるのか？) そこから何を学ぶのか？(学べるのか？)

なんせ、その子は神仏とグルなのである。

世話を放棄する。いじめる。こんなことをしたら、バチがあたるのは当然だ。というより、人の手を借りなければ生きていけないペットを捨てたり虐待するような人間で、幸せな人っての見たことない。

幸せを感じて生きている人。愛する喜びを知って、愛される幸福感を知っている人間で、何かを虐待するなんてありえない。愛はやったように返ってくるものだからである。愛ある人は「自分が与えた愛が、自分に与えられる愛」になることを知っている。

愛はそういうふうにしか、生まれない。力技や欲望、渇望、周りを不幸にしたものからは生まれない。力があるから、強いから何か（ペットや人）をいじめるのではない。愛情がないから、人生に喜びがないから何かをいじめる。

いやなことがある。おもしろくないことがある。だからペットをいじめる。世話もしない。それでストレス解消になるだろうか？　それで、本当に欲しかったものは手に入るのだろうか？

そんな人はますます、いやな人間になっていく。ますます人に嫌われていく。苦しい人生になっていく。その人の人生には愛も安心も信頼もない。

実は、神仏はバチなど当てない。バチはこうして、自分で自分に当てるものである。

おもしろいことに、神仏から預かったペットを、大切に慈しみ暮らしていると、そこに確かな「魂の絆」が生まれ、まるでドラマですか⁉　というようなアンビリーバボーな（信じられない）出来事も起こる。私はペットを通して体験する、魂の琴線に触れるようなこのアンビリーバボーな体験こそ、ペットと暮らす醍醐味だと思っている。

そして、魂の琴線に触れる体験をした人は、人生が変わる。

私はしゃもんと出会い、僧侶になった。

まぁ、そこまで、人生を変えるのもなんだけど……（苦笑）。

あなたにもあったに違いない。その子との「奇跡の出来事」が。それは、人には言えないことかも知れない。

とるに足らない小さな小さな出来事かも知れない。けれど、あなたはそこに、「この子と出会った意味」を見つけたのではないだろうか？


あるとき、ボランティアで行っている河川敷で、一人の老ホームレスさんと知り合った。正確には先に知り合ったのは、ホームレスさんが飼っている猫のほうで、その猫を通じてKさんと知り合った。

「ちび」と名づけられたその猫は、びっくりするほど性格が良く、外猫にしては何をしてもされるがままという、おとなしいトラ猫のメス。ホームレスのKさんが、空き缶集めをしながら（それを売って）、ちびのご飯を買っている。今はKさんが世話をしているが、もともとは一般の人が、Kさんのテントに子猫だった「ちび」を投げ込んでいったのだが。

ちびは、日中は河川敷で自由きままに過ごし、夜になるとKさんのテントに入り、Kさんとちびは、一緒に寄り添って眠っていた。もう10年。そんな綱渡りながらも、穏やかな日常を一人と一匹は過ごしていた。

Kさんにとって、ちびは唯一の家族であった。そんなちびとKさんと河川敷で初めて知り合ったのだが、ちびは愛らしい左側の顔と不釣合いの右側面。顔面が変形するほど進行した右側頭部の脳腫瘍であった。

そんなちびを初めて見てびっくりした私はボランティア先のアイさんと、急いで病院に連れて行くも、もはや手の施しようがない状態。ちびの脳腫瘍はゆっくりと進行していく。目、耳、鼻あらゆるところから、血膿《ちうみ》が噴き出す。対処は痛み止めの注射しかない。気休めだが、そのつど血膿をふきとる。痛々しい。

Kさんも見ているのが苦しい、苦しいと声を絞り出す。

ちびを断末魔の苦しみから逃がすために、最後に私たちができること。安楽死。脳裏に浮かぶ。

（ちびはどうしたい？）心で話しかける。

無反応。

（ちびの気持ちを教えて）

無言。

（言いたいことないんだろうか？）

コンタクトを続ける。しばらくたち、

「……お父さん」（Kさんのこと）

小さな小さなちびの声が響いた。

（お父さんが、どうした？　ちび、話してごらん）

「お父さん……」消え入るような小さな声である。

（ちび、お父さんが心配なんだね。わかってる。お父さんは大丈夫だよ。ちびは？　頭痛い？

それとも重い？　どんな感じ？　教えて……）

「お父さん……」

ちびは何を聞いても「お父さん」しか言わない。

（困ったなぁ）ちびの現状、安楽死に関しての気持ちも聞けなかった。Kさんに、丁寧にゆっくりと、ちびの症状、現状、獣医師の意見を伝えた。現状から推測すると、眠るように逝くのは難しいこと。かなり激しい痛みがくることが予想される、ということ。安楽死も視野に入る、ということ。

眠るように逝くから安楽死という「安楽死」の説明、私のしゃもんが安楽死をしたときの状況など、押し付けにならないよう、慎重に伝える。

自分もそんなに苦しむ前に、楽にしてあげたい、とKさんがつぶやきながら、ちびをなでる。

ちびは目を細めながらKさんを見上げて「お父さん……」という。

私にはそれしか聞こえなかったが、ちびのその表情から後に続く言葉があったように思う。

「お父さん、大好き！」と。

ちびの粘膜から血膿の量が増える。血膿がのりのようになり、寝ているシーツがほほに張り付く。一日おきに、Kさんにお弁当と、ちびに刺身やササミを差し入れに持って様子を見にいく。

Kさんが「塩田さん、もう一日、様子をみようと思うんだ」

また一日が過ぎ、「明日まで、明日まで様子をみたい。今日は少し食べたから」

私は、うんうんと、ただだまってうなずく。

おとうさぁぁ……ん。

相変わらず、お父さんしか言わない、消え入るようなちびの声に、胸が締め付けられる。

いよいよ、ちびが食べなくなった。

翌日、また翌日も食べない。もう右目は中から押し上げられる腫瘍で、つぶれてしまった。鼻も口も、噴き出す血膿が固まり、ふいてもふいても間に合わず、毛は剥げ落ちぐちゃぐちゃである。もうちびの顔は、猫の形を留めていなかった。

それから、1週間、食べないままちびは頑張って生きていた。そんな日、Kさんが「塩田さん、明日。明日楽にしてあげたい。もう見ていられない」と言う。

「Kさん、そうしましょう」私が短く答える。

ふいにKさんが「塩田さん、なんで、この子だけ、こんなひどい病気になったんだろう」と言う。私が自分の考えを言おうとしたそのとき、

「お父さんが心配だから（河川敷に一人で住む）お父さんの存在に気づいて欲しくて、こんな姿になった！」

私の口が突然勝手にしゃべった。大きなはっきりした声だった。

ち、ちびぃぃぃー。人の口を勝手に……。

ハッキリとしたその言葉にKさんは驚き、私もどうしていいかわからず、しばらく気まずい沈黙が続いた。少しすると、驚いていたKさんの表情から、ふっと力が抜け、

「そうか……、ちびがいたから、こうして塩田さんと知り会えたし、病院に行くだけにしろ、30年ぶりくらいに車に乗せてもらったし、女性に心配してもらうのは初めてだし。こうして自分を訪ねてくれる人ができたなんて、ちびのお陰だね」

Kさんがほほ笑む。

「Kさん、私こそ、こんな性格のいい猫と、優しいKさんと知り合えて嬉しいですよ」と伝える。本当は、ちびが「お父さん、お父さん」と、自分の重病のことよりも、「お父さん」しか言わないことを、伝えたかった。けど、取って付けたような話だから、言わなかった。

ちびが言った（私の口を借りてだけど）あのひと言で、十分だと思った。

ただ、

「この子は、この河川敷で年齢を重ねていくKさんを心配して、自分の身を投じて私にKさんを引き合わせたかったんですね。たしかに、腎臓が悪い猫とかはたくさんいるので、ちびが脳腫瘍という痛々しい外見にならなければ、特にKさんとお知り合いになりませんでしたね。きっと。ちびはこの痛々しい難病になることで、私に（大好きな優しいお父さんをお願いします）って言いたかったんだ、と私は思いますよ」とKさんに自分の思いを伝えた。

「この子はそのために、自分のところに来たのだろうか」

Kさんがつぶやいた。


翌日、ちびはKさんに抱かれて、安楽死をした。

少し戸惑いながらも、静かに天に帰って逝った。Kさんに抱かれたちびの最後の言葉は、やはり「お父さん」であった。

ちびを埋葬してから、僧侶の正装をし、懇《ねんご》ろに弔《とむら》った。

「こんな虫だらけの藪の中で、猫のお経をあげるお坊さんを初めてみました」

Kさんが言う。お経くらいしかできないから。非力な坊主である。しかし、それからちびとの約束（してないけど）を守り、時折、Kさんのところに差し入れを持って、ご様子を伺いに寄らせてもらっている。

Kさんのテントの横にちびのお墓がある。私がKさんのところへ行くと、ちびの嬉しそうな感情を感じる。残念ながら、姿は見えないが。

ある日、Kさんのところに行くと「塩田さん、ちびが死んでから、何日も涙が止まらないんだ。親が死んでも、兄弟が死んでも、涙なんか出なかったのに。なんで、猫一匹死んだのが、こんなに悲しいんだろう」

私は何も答えず、ただうなずいた。

(Kさん、それが「愛」ですよ。Kさんはちびを愛していたから、ちびに愛されていたから、失って哀しいんですよ)

本当はそう言いたかった。けど、言わなかった。

Kさんは、「何でこんなに悲しいんだろう」の答えに気づいていると思ったし、家族や社会を捨てて河川敷に暮らすホームレスさんには、いろいろな事情があるのだ。一匹の猫は、この老ホームレスさんに「愛」を教わり、また教えたのである。

家族にも社会にもできないことを、この猫はやってのけたのである。

自分にはこの子であった意味、ペットは飼い主との出会いの意味を雄弁に語るのである。

自分で知る「この子との出会いの意味」と「うちの子を死後も生かす方法」

私にはなぜこの子だったのか、知りたい。私たちが出会った意味を知りたい。

前章では「その意味をペットが教えてくれる」という形でご紹介した。

この章では、その「意味を自分で知る方法」を心理学の分野から、ご紹介したい。

これはカウンセラーであり、たくさんの著書も出版されている富田富士也先生から、学んだカウンセリング技術のひとつである。

この方法は「この子（ペット）と出会った意味」を自分自身で知るためにも使えるので、ペット仕様にして私のカウンセリングの現場で応用させていただいている。楽しい方法なのでぜひ皆さんも試し、自己カウンセリングに役立ててほしい。

まず、あなたの夫や妻、友人など、まだ生きている人を対象者に決める。

例えば対象者を「夫（哲也さん）」としよう。

「あなたの夫、哲也さんが今、亡くなろうとしています。あなたが哲也さんに、〇〇してくれてありがとう、と感謝の言葉を述べるとしたら、〇〇の部分で何といいますか？」

というものだ。

例えば「哲也さん、いつも私を助けてくれてありがとう」

「哲也さん、あなたといるとき、私はいつも笑っていました。楽しい日々をありがとう」

などなど。

ここでは、必ず「何々してくれて、ありがとう、と感謝の言葉を述べるとしたら」というところがミソである。間違ってもここで日頃の文句などを入れてはいけない（笑）。

反面教師を含め、人との関わりには必ず感謝があるものだ。どんなに嫌な相手でも、そこには必ず何か学びがある。

「人に対して偉そうにしていると、こんなに嫌味な人間になるってことを教えてもらったなぁ」

「我を押し通してばかりいると、人が離れていくことを見せてもらったなぁ」

人との関わりには必ず何か「縁」がある。私たちはその縁によって、社会で生かされている。

その縁を良縁にするか、悪縁にするかは自分次第だが。

こうして、まずはいつも身近にいておざなりになってしまっている家族、恋人に対して、この方法を試してみてほしい。何も、本人を目の前にする必要はない。自分だけでやってみる。すると、自分が相手に対してどんな思い、気持ち、感情、感謝を持っているか、改めて知ることができる。

いつもは隣にいて当然の相手は、「いってきます」と、いつもの通り家を出て、それが最後の別れになるかもしれない。

「今日はさばの味噌煮にするね」と言い、いつも自分を待っていてくれた存在は、それが最後の言葉になるかもしれないのだ。

そんなときに永遠に引きずるような後悔をしないためにも、今一度自分の身近な存在の人への気持ちを振り返ってみてほしい。

犬猫の寿命は短いけれど、今あなたのとなりにいてくれる人の命はもっと短いのかもしれないのだから。あなたが愛しい子と一緒に暮らせたのも、家族のサポート、誰かの支援、そんな「縁」の中で生かされていることを、たまには思い出してみよう。

勇気があれば、改めて気づいた感謝の気持ちを相手に伝えられたらいいと思う。

いつもそばにいる相手が明日も存在しているかどうかは、わからないのだから。

そして、いよいよ「ペットバージョン」。

今、あなたのペットは亡くなろうとしています。

（または亡くなってしまっている子の場合はそのままの状況設定で）

亡くなろうとしているあなたのペットに、〇〇してくれて、ありがとう。と感謝の気持ちを伝えるとしたらなんと言いますか？

「ミンミン、あなたは私の心の支えでした。ありがとう」

「太郎、あなたのお蔭でたくさんの大切な友達ができました。ありがとう」

あなたはどんな感謝の言葉を自分の子に贈るのだろうか？

あなたがその子に贈った感謝の言葉こそ、あなたがその子と出会った意味である。

あなたの愛した子は、あなたに「それ」を教えるために、あなたの元にきてくれたのだ。ミンミンが「私の心の支えになってくれた」ということであれば、ミンミンはあなたに「人の心の支えになれる」そんな人になれるよう、天からメッセージを持ってやってきてくれた。


あなたがその子に伝えたい感謝の言葉。それこそがあなたとその子が出会った意味である。

あなたがその子から「心の支えになる」ことを学んだのなら、今度はあなたがそれを実践する番である。他の誰かから「あなたは私の心の支えになってくれたわ。ありがとう」

そんなふうに言われるように。

そのことを実践していくうちに「亡くなったうちの子は、私の心の中で生きている」という実感になっていく。だって、その子がその人生で身体をはって、教えてくれたメッセージを日々、あなたは実践しているのだ。

その子があなたに渡してくれたメッセージを、今度は別の誰かが、また別の誰かに伝える。こうして、愛のタスキはどんどん渡されていく。

愛しい子が渡してくれた愛が、どんどんと広がっていく。これこそが「あの子が私の中で生きている」という幸せな感覚だ。

「亡くなったうちの子は、自分の中で生き続ける」とはこんな状態をいうのではないかと、私は思う。

天に送った子を死後も生かし、自分とその子の進化向上の実践とするのか、その子が亡くなった時点で、その子との関係を終わらせてしまうのか。それはあなた次第である。

私は亡くなった私のしゃもんに、

「無償の愛を教えてくれてありがとう」

「忍耐強くあること、を教えてくれてありがとう」

と心から感謝をこめて、伝えたい。

私がしゃもんに贈った「無償の愛」と「忍耐強くあること」この感謝の言葉は、そのましゃもんと私が出会った意味となる。

そう、しゃもんは、「無償の愛」と「忍耐強くあること」を教えるために、私のもとに来てくれたのだ。今思うとそれこそが、しゃもんの死後、僧侶となった私の活動の基盤を支える信念となった。しゃもんはその生涯で体を張って、「無償の愛」教えてくれた。

見返りを求めない愛。

与えっぱなしの愛。

期待しない愛。

滅私の愛。

それこそが本当の愛の形であること。愛はそのようにしか存在しないこと。そして愛は与えたら、実は与えたように戻ってくること。

期待しなければ、いつの間にか手に入れていること。

そして、愛はいつでも許しと共にあること。

許しとは、人のためにあるのではなく、自分を解放するためにある。

私のしゃもんは、仙人のような犬だった。

ケンカを仕掛けられても次に会ったときには、仲良くせずともちゃんと挨拶をするときがある。

そんなとき、しゃもんはいつもチラッと私の顔を見る。

「許すもんだよ」

そう言っているように。偉いよなぁ。

そして、しゃもんは抜群に忍耐強い犬でもあった。どんな状況でも、甘んじて受け入れる。

忍耐強くあったけど、ただ状況に流されるのではなく、あくまでも自分を曲げない強さも持ち合わせ、芯のぶれない犬だった。忍耐強い気持ちもそうだが、生まれつき肝臓に障害を持つ彼は、一生涯その障害に苦しみ、痛みに耐える人生でもあった。

しゃもんが「いいうんち」をしたのは、生涯で3回くらいしかなかった。いつもいつも好きなものも食べられず、腹痛に苦しむ犬だった。

肉体の痛みに加えて、この頃まだ若く我が強い私に抱え込まれ、さぞかしたくさんの忍耐を強いられた犬生だったのだろうと思う。

本当の強さとは、やられてもやり返すことではない。

やられたらやり返すのは、気の強さであり、心の強さではない。やられてやり返していたら、争い、恨み、復讐心はいつまでも終わらない。本当の強さとは、やられてもやり返さない。じっと耐える。けれど屈しない。そして、やられたことを、相手の良き気づきになるような形で相手に返す。

いやなことをやられたら、それを愛に変換して返す。

それが、本当の強さであり、そこには屈強かつしなやかな忍耐力と滅私の愛が不可欠である。

そんなしゃもんとの生活から教わった「無償の愛」と「忍耐強くあること」。

このことを私に教えるために、私のところに来てくれたのはわかっている。

けど、それはもう悟りの世界。仏の世界である。そんな高尚なこと、とてもじゃないけど、無理。

けど、けど私は生涯その理想を追い続けたいと思う。だって、しゃもんがそのために「わざわざ苦しい障害を持って生まれる」、「我の強い私の元で忍耐を強いられる犬生を送る」など、体を張って私に教えてくれたことだ。

そんな高き理想に私が届くことはないかもしれない。

それでもいい。

私は、死んでから、しゃもんに堂々と再会したいのだ。

「しゃもん、かあちゃん、頑張ったよ」

「しゃもんが、体を張って私のところに来てくれたことを、すごくすごく頑張ったよ。できるところまでやったよ。悔いのないところまでやったよ」

と、わたしのしゃもんに言いたいのだ。

しゃもんの死後、彼が教えてくれた「無償の愛」と「忍耐強くあること」の実践の努力をもがきながらもしていると、より深いところで、しゃもんの存在を鮮やかに感じることがある。

こうして、文章に書いていても、しゃもんとの日々を鮮明に思い出し、感動の涙があふれてくる。

一匹の猫。

一頭の犬。

私たちはお互いが必要で出会い、魂が共鳴し、出会った意味を実現していく。それこそが、「出会いの醍醐味」であると私は思う。そうして、それこそが「死後も心で生き続ける」ということであると、実感する。

それは「なんとなく、しゃもんが一緒にいるように思う」という頼りないものでなく、なんというか、もっと確実な実感なのだ。そうなると、生前よりも強い魂の結びつきとなり、もはや「死」という壁？　がなくなる。

生死がどうでもよくなり、お互いの学びや気づきをどう成長させていくか？　に焦点があたる。

これは、私の感じ方だが、そのように感じるようになって、しゃもんとより深い結びつきを私は感じている。

話を戻そう。

カウンセリングの現場で、「あなたは、亡くなったこの子に何といって感謝の言葉をかけますか?」と問いかけると……

「たくさんの人と知り合わせてくれて、たくさんの感動をありがとう。と言いたい」

「出会いの大切さを教えてくれて、ありがとう。と伝えたい」

「いつも一緒にいてくれてありがとう」

それぞれが、感謝の言葉を口にする。

「それこそが、あなたとその子が出会った意味ですよ。その子はあなたに（一緒にいる喜び、またたは出会いの喜びなどそれぞれが感じたこと）それを教えるために、あなたのもとに来てくれたんですね。次はあなたが、その子から教わったそのことを社会で実践する番です。あなたが、その子から教わった感動を実践していく限り、その子はあなたの心の中で、生き続けるんですね。これこそが『死してなお、心の中で生き続ける』ということですよ」

と、伝える。

自分が感じた、この子への感謝。

自分自身から出た明確な言葉。

これらは皆、本物である。本当のこの子の言葉である。

この子とそれだけの絆があるあなたが、自分で感じた言葉であるのだから。

そしてその言葉の実践こそが、この子を死後も生かす方法である。この子の死をその後も生かし、この子からもらった愛の教えを今度はあなたが多くの人に還元するか、ただの小さきものの死で終わらせ、その存在を忘れていくかは、あなた次第だ。

この子の魂を生かし続けるも、悲しみとともに忘却させてしまうのも、あなた次第なのである。

どうか、あなたのその子を死後も生かし続けてあげてほしいと思う。その子の死後、その子から教わったことを実践し、ますます幸せになってほしいと思う。

あなたも、あなたの周りも、あなたが関わること全てを。

それでも、ふっと悲しくなったら、自分の思いをその子に伝えてみるといい。心で念じてもいいし、言葉にしてもいい。あなたのその思いは必ず、あの子に届く。届いた思いは、きっと何か形になってあなたのもとへ返ってくる。


それが「祈り」のひとつの形だからだ。

第3章
アニマルコミュニケーション

アニマルコミュニケーション

飼い主はみんなアニマルコミュニケーター

私は霊能者でもなければ、サイキックでもない。それに、俗にいう「見える人」でもない。もちろん、ペットの声を聞くことができると公言しているアニマルコミュニケーターでもない。ただの動物好きの僧侶に過ぎない。

しかし、ペット供養のためご自宅に伺うと「うちの子は、今どうしていますか？」「ここの場所、何か感じますか？」などと、聞かれることも少なくない。

僧侶って、なんか「そーゆーことがわかる」イメージがあるのかなぁ。

すみません、私、わかりません。

いや、本当にわからないし、例え「何かこの場所は良くないなぁ。気持ちの悪い感じする」など思っても、それを言ったら、それをどうにかしなければならなくなる。

繰り返すが私はサイキックではないので、その「気持ちの悪さ」は気のせいだったり、私だけの感覚かもしれないのだ。僧侶には、そういう「お祓《はら》い」を専門とする行者タイプの方がいるが、私はまったくの専門外。「怖いこと」や「見えない世界での不慮の出来事」があれば、怖いし慌てるしパニックにもなるし、よく悲鳴もあげます。

坊さんだって、お化けは怖い（苦笑）。

ペットのご供養はさせていただいても、そっち方面の処置はてんでできない。僧侶といえども、見えない世界にオールマイティーではないのである。

しかし、「穢《けが》れ」や「邪気」は、本人の波長と合って、自分が引っ張り込む場合がほとんど。そういった類のご相談がある場合は、カウンセリングの個人相談の現場でじっくりとカウンセリングをしていったりすることはある。

けれど、ペット供養の現場では、そういうカウンセリングをすることはない。

「アニマルコミュニケーション」という言葉がある。「ペットとコミュニケーションをとる」ということだが、これを「ペットと会話をする」と訳すと、間違いになる気がする。

アニマルコミュニケーションを「会話をすること」と考えてしまうと、「言語化」「聞く、話すなどの会話」の感覚になってしまう。このようなイメージを持つから、ほとんどの飼い主が「私にはわからない」と、感じてしまうのだ。だってペットはしゃべらないし、人の言葉も解さないから。

しかし、私たち愛犬家、愛猫家は、自分のペットが、今怒ってる。ケンカしそう。お腹がすいている。寒がっている。遊んでと言っている。これキラ〜イもっとおいしいものがいい、と言っている。などと、さまざまなペットの感情や行動を理解している。

そして、私たちは日常生活の中で、

「わかった、わかった。今散歩行くから、ちょっと待って」

「あら、元気ない顔ねぇ。具合悪い？」

「だめだめ、これ以上おやつ食べたら、またご飯が食べられないでしょっ」

こんな「会話」を普通にしている。

以前、黒ラブと暮らしている友人のところへ行ったとき、私が「あれ？　ボブ顔色悪いね」と言ったら、飼い主である友人が「そーなのよ〜。きのう川で遊び過ぎて、冷えたらしくてお腹痛いのよ〜」

この会話を聞いていた動物嫌いの友人が、「なんで黒犬の顔色が悪いのがわかるの？　なんで、犬がお腹痛いってわかるの？　あなたたちの会話って宇宙語みたい!!」とすっごくビックリしていた。

その言葉を聞いて、私たちはほぼ同時に、

「だって、見てればわかるじゃん」

犬や猫に興味のない人からすれば、これはもう立派なアニマルコミュニケーションである。
実は私たち人間同士も日常生活で、言葉を使わずしゃべらないで相手と会話をしている。
例えば、
•自分が話している最中に、相手がチラチラと何度も時計を見ていれば（時間がない？　早く切り上げてほしいのかな？）
•話しかけても相手は無言で、大きな音を立ててドアをバタンと閉めて行ってしまえば（怒ってる）
•自分が話をしているのに、相手が携帯電話でメールを打っていたり、雑誌を読んでいたら（話を聞く気ないな）
（注：人は自分が興味のある話をしているとき、例えば明日から行く交際相手との初めての旅行の話の最中にメールしたり、雑誌を読んだりしないものだ）
その他にも、ため息、あいづち、目線、表情などから、言葉がなくとも相手の考えがわかったりする。
これらは「非言語的コミュニケーション」というが、実は私たちは、実際に言語を交わす会話よりもこのような「非言語的コミュニケーション」を日常で多用している、と言われている。
そのように考えると、私たちとペットは「非言語的コミュニケーション」で会話をしている、と言える。

そして、ペットとの「非言語的コミュニケーション」とは、見えない世界を見て、聞こえないものを聞く特別な人だけが使える「霊能力」の類ではなく、「行動様式の観察」から表現されるコミュニケーションでもあるのだ。

これが「アニマルコミュニケーション」の基本であり、入り口なのだと思う。

だから、**アニマルコミュニケーションは「誰にでもできるもの」**だと私は解釈している。ただ、ここで注意をすることがある。

人間は膨大な量の言語を組み合わせて使い、複雑怪奇な社会性と行動様式から、「非言語的コミュニケーション」はしばし、「推測」という多大な誤解を生み出すことが多い。

その誤解やすれ違いを避けるために、人同士は「言語による会話」を使い「相手に確認をする」という作業が必要になってくる。だが、多くの人たちは、この「非言語的コミュニケーション」から生まれる「推測」を「推測」として「思い込んだまま」にするので、しばし人間関係にトラブルが生じる。

ようはどんなに近しくても人の脳みそは違うので、相手のことはわからない。わからないからこそ、人間社会では「聞くこと、伝えること」「確認すること」が重要なのだ。

しかし、アニマルコミュニケーションの場合、この「自分の推測」と「この子の言葉」の違いの差別化が明確にできない。さらに、「相手に確認する」という重要なこともできないため、多くの飼い主が「私にはこの子の言葉がわからない」と思い込んでしまう。

今まで私たちが使ってきた人社会のコミュニケーションツールとは違う、アニマルコミュニケーションは始めは使い勝手がわからず、「私にはこの子の言葉がわからない」と思い込んでしまう気持ちになるのは自然なことだと思う。

しかし、そのペットとの「非言語的コミュニケーション」の部分を他人に受け渡してしまうのは、いかがなものかと私は思っている。

例えば、供養の現場でこんなことがあった。

ある飼い主さんが、「あんなに仲良しだったチョコに先立たれて、残されたキャンディーは何て言っていますか？　食欲もなくて」と言われたので、

「そりゃあ、しばらくは辛いし悲しいし、食欲もなくなりますよね」と私が言うと「やっぱりぃー!!」と答えられる。

そりゃあ、どう考えてもこの状況じゃそうでしょう。

仲良しの相手がいなくなる↓食欲がなくてしょんぼりしている↓悲しんでいる。でしょう。

この状況で「だいじょ〜ぶ、だいじょ〜ぶ、キャンディーは何とも思ってないですよ。それどころか（これからはお母さんを独り占めできる。嬉しくてしかたない！）と言ってますよ。食欲

がないのは、調子にのって喰いすぎです！」

と、こんなことを僧侶に言われたら、「お坊さんの言うことだから」と納得するのだろうか？

自分が大切にしている犬や猫の気持ちは、飼い主が一番よく知っている。

これは私の持論である。

まぁ、なかには真夏に犬がハァハァと舌を出しているのに、洋服を着せ、サングラスをかけさせている飼い主もいるが。これは、「ペットの言葉を間違って聞いている」のではなく、そもそもペットの声を聞く気がない。単に「自分がやりたいこと」を優先しているケースで、アニマルコミュニケーションの土台となる「自分と違う相手の生態に対する勉強」と「行動様式への観察」をしようとしていない。

本書では、そのようなケースは例外としている。

なかには「うちの子は癌で、すごく苦しんで亡くなったんですが、霊能者さんに『この子は深い因縁を持っていて、あの世でもまだ地獄の苦しみが続いている。供養して助けてあげられるのは、あなたしかいない。だから、あなたを選んでこの子は来たのですよ』と言われ、何度も供養してもらい総額200万ちかくかかりました」というのだ。

に、に、200万――

すっげぇー！　なんてうらやましい。いやいや、こうして文章にして客観的に見ると、この状況がどんなことなのか、おわかりになると思う。

余談だが、こんな話を聞くたびに、私は恐怖のあまり鳥肌が立つ。この話自体にでなく、このように人の弱みにつけ込んで多額の金銭を要求した、霊能者や占い師がどんな末路をおくるのか、散々見てきたから。

あなたのペットがこう言っている。死んだあなたの母がこんな状態で苦しんでいるから、○○が必要。という類の話には注意することだ。

高額な提案、要求をされたらなおさらのこと。ようは、

「あなたが真実かどうかを確認できないこと」は、相手が本物かうそつきか、わからない、
ということを忘れないでほしい。

私は僧侶であるがベースはカウンセラーである。

私のカウンセリングの信念は「答えは相手が知っている」。つまり「自分の人生の問題の答えを知っているのは、他人ではなく自分自身である」ということだ。

「答えを知ってはいるが、その答えをどこにしまったかわからなくなってしまったご相談者」と、「答えは知らないが、見つからない答えを探すテクニックを持っている私」とで、ご一緒に問題の答えを探す、というのが私のカウンセリングスタイルである。

答えは自分（クライアント自身）が知っているので、本人の口から「ああ、これはこういうこ

となんですね」と答えを引き出せれば、それは明らかに自分（クライアント自身）にとっての真実である。

自分で出した答えだからこそ、「ああ、やっぱり」「納得です！」などと得心をする。自分で答えを見つけた人は「やっぱり！」「なるほど」「納得」「スッキリ！」などの言葉と共に、心にストンと「得心」が落ちてくる。人は疑問や問題を持ったとき、「得心」しないと、その問題を消化・解決できないのだ。

それが他人から「この子のことはこうしなさい」「この子はこう言ってる」などと、**答えを言われるのは簡単なのだが、それが本当のことかわからない。他人が決めた選択は真実かわからない。**

ということをくれぐれも忘れないでほしい。

しかし、どうも私たちは自分が感じた「頼りないと思い込んでしまう、うちの子の言葉」より、私はペットの言葉がわかります！　と断言する「他人が言う、うちの子の言葉」を信じてしまいがちだ。

自分で選択し判断する答えより、人に答えを出してもらったほうが楽。そこには自分の覚悟も責任もないから。

もちろん、本当にペットの声を聞くことのできる霊能者は存在する。しかし他人が伝える「うちの子」の言葉や他人が出した答えは、うそかほんとか、真実かこの人の強い思い込みか、わからない。ということを忘れないでほしい。

長々とカウンセリングとかけた話をしたが、ようはペットの言葉も、他人に聞くよりも本人がキャッチするのが一番確実でいいことだ、と私は思っている。

「でも、私はこの子の言葉や気持ちがわからない」という人が多いが、この子が何を好きで、誰が嫌いで、どんな性格で、何をすれば喜ぶか、あなたは十分にこの子を知っている。もう十分にコミュニケーションをとっているのだ。

どうか、その理解が「アニマルコミュニケーションの入り口」なのだと自信を持ってほしい。

闘病の末、亡くなったあの子があなたに何を伝えたかったか悩むとき、思い出してほしい。亡くなったその子は、あなたの介護に不満タラタラ言う子だったのだろうか？

「あんたに飼われたせいで、こんな病気になったのよ。もっと寝ないで尽くしなさいよ」

「あのときに、なんであんな治療をしたの？　恨んでやる」

「私の因縁を解消するために、２００万払って供養してください」

あなたのあの子は、そんなことを言っただろうか？

愛された犬猫は、飼い主の良かれと思った選択を甘んじて受け入れる、と私は思う。病気になったら**「お母さん、ごめんね」「泣かないで」「ありがとう」「大好き」**私はほとんどの闘病する犬猫から、こんな言葉ばかり聴く。

一番多いのは**「(私のために)ごめんなさい」**というような悲しみ、切なさ、申し訳なさの感情である。

愛してくれた飼い主の選択を責めたりする犬猫を、私は知らない。

確かにそうでない場合もあるが、レアケースだ。たまに何か確信めいた犬猫の思い(言葉?)を感じることがある。そんなときは、さらにタイミングが良ければ「この子は、こんなことを伝えたがっていると私は感じます」「私がキャッチした感覚は」という伝え方をする。

必ず、「〜であると私は感じます」と、あくまで「私が感じたこと」ですよ、という伝え方をする。

私が何を感じても私の自由なのだし、「私が感じたこと」を、受け取るも、拒否するもあなた次第、あなたの選択なのだから。

けど、たいていの場合、「あのとき妙玄さんに、『この子はこう言っているから、こうしたほうがいい』と言われたので、こうしました!』と確信的に言われたりして、びっくりすることがある。

へ、変換されとるやないか⁉

この自己変換装置は誰にでも付いているから、しかたないんだけど。

（自己変換装置とは、相手の言葉を自分の都合のいい方向に勝手に解釈し、変換することで、私が勝手に名づけているもの）

とにかく、自分の愛した犬や猫の気持ちは、他人に渡したりしないで、自分で感じてほしい。あなたとその子は、そうしてコミュニケーションをとりながら、長年暮らしてきたのだし、それだけの「絆」があるのだから。

だから、ご供養の現場で、私に「この子は何と言っていますか？」と聞かないでください。

「こういう聞き方ならいいかな……」

「間違っててもいいですから……」

あー！　コラコラ変換しなーい！

もっとコミュニケーションを感じてみよう!

ここのタイトル「もっとコミュニケーションを感じてみよう!」

日本語として変……。変なのだが、対ペットとのコミュニケーションの場合、コミュニケーションを「とる」でなく、「感じる」の方が適切な気がするのだ。

飼い主がいつも感じているうちの子の性格や要求。何が好きで、誰々が嫌い。

こんなときはケンカになって、これをしてあげると喜ぶ、などを知ることはすでに、アニマルコミュニケーションが始まっていると前述したが、やはり、「もっと踏み込んだコミュニケーションをとりたい」と飼い主さんが思うのも無理からぬもの。

ただ、もともと人と犬猫は、言語による詳細な会話や意思の疎通ができない。この「できない」ことは意味があってできないのだと、私は思う。

また、できないからよいのだ、とも思う。犬だって、猫だって、人間同様、いろんな性格の子がいる。こう言っちゃ何だが「げっ、性格、悪っ！」という子もいるのだ。

すごくわがままで、自己中で、命令口調。自分の欲求にだけ貪欲なペットだっている。ペットはみんな、天使ではない。それでも、飼い主にとっては「かわいい我が子」。「知らぬが仏」という場合もある。

私たちペットを愛する人間は「この子と会話したい」反面「しゃべれないからいい」ということも、知っているのだと思う。

まぁ、会話ができたら、ペットとしても今までのように「飼い主の選択を甘んじて受け止める」には、ならんだろう、自己主張の権利があたえられるのだから。思春期の息子や娘と同じことになる。

「えええええー、今日も〇〇のドッグフードォ？　ベルちゃん、ささみと卵とチーズとミルクがいいなぁ。ささみはレアで、卵は半熟、チーズはカマンベール。ミルクは体にいいから低温殺菌のにしてね」

これが娘なら「自分でやりやぁー！（怒）」って、言えるけど、犬なら、

「ええええー、だって、ベルちゃん、包丁も鍋も持てないい～ん」

と肉球《にくきゅう》（足の裏）を見せられる。

「あううう……」言葉を飲み込む飼い主。

まるで、水戸黄門の印籠である。

きっと、ペットが言葉をしゃべるようになれたら、今度はペットに自分のことは自分ですることを求めるんだろうな、私たち飼い主は。

だったら、いいじゃん、人の子で。

よくよく考えると、しゃべれて自己表現ができるが、自分のことができないペットって、どんなもんでしょう。私はいやだよぉ〜。

長々と例え話（例えてる？）をしたが、人はペットと過剰なコミュニケーションを求めるのは、あまりよろしくないことのように思う。

ペットとのコミュニケーションはあくまで、感覚の世界である。

ある場面で「感覚」「直感」は、五感で表現されたものよりも的確であることも多いが、いかんせん私たちは、そういう世界に慣れていない。

以前、「ペットとの会話」にハマっていた、犬友達（Bちゃん）がいた。

彼女曰く、「ペットと向き合い、リラックスして見つめ合う。そうして静かな時間を持つと、この子の声が聞こえてくるの」って言っていた。

3分、5分……犬がもぞもぞしだす。

（飽きてきてら）と私は思うのだが、

彼女はうんうんとうなずきながら、何か会話している感じ。

10分近くたち、「この子は今うちに来たわけを話していた」という。

そぉ〜かなぁ〜？　と私。

私にはただ、座らされてすぐに犬が飽きて、もぞもぞ動いてたようにしか見えなかったが、しいて言うなら、「お母さん、あきたよー」と言っていましたが。

う〜む、以前の彼女なら、犬の動作から「あきらかに飽きている」と単純に感じただろうに……。

犬の気持ちを読んでるようで、どんどん対極に行くぞ。戻って来い、Bちゃん。

実は、私もそんなやり方をやってみたことがあるが、何も感じなかった。というよりも、感じよう、感じようとするあまり、Bちゃんのように、自分で話を作ってしまう自分がいた。

「しゃもん（私の犬）は、こう言っているみたい」

しかし、確信が持てない。しっくりこない。得心《とくしん》しない。

結局？？？だらけだった。

「感覚、直感」の世界は、必要があるときに、自然な形のメッセージとして、「ふっ」と受け取るものではないかと私は感じる。それは「推測、妄想」との区別があいまいな世界でもある。だからこそ、無理やりそこばかりにフォーカスすると、「現実の観察」という「動物とのコミュニケーションの基本」をはずれ、間違った怪しい世界に行ってしまう気がするのだ。

確かに、ペットの言葉を解するすんごい人も実在する。それはもう、「霊能力」「サイキック」という特殊な世界だ。


私のしゃもんがまだ2歳くらいの頃、ある気功師の女性と知り合った。彼女は40代後半で、沖縄の琉球王朝の末裔というシャーマン。その家系を裏付けるような、ムードあるエキゾチックな美人だった。

今思えば、私が出会ったころの彼女は、その特殊能力の最盛期だったのだと思う。とくかく、見えて、聞こえて、治して、祓える人なのだ。始めは紹介されて、電話での挨拶だった。まだ会ってもいない人と電話での初めての会話。

その途端、当時の私が背中痛が治らず苦しんでいること、をいきなり指摘された。驚く間もなく「ハスキーがいるね（これは事前情報で伝わっていた）。うん、いい子だ。すごくいい子。この犬は生涯……、うん、死んでからもあなたを守るね。それにこの子はどんなに世話して甘やかしても、決してわがままにならない」

愛犬がいい子で、飼い主を守るって言うのはありがちな話だけど、この後のしゃもんの「どんなに世話して甘やかしても、決してわがままにならない」という性格は、私しか知らないことだ。

驚愕である。

その後、お会いして気功治療を受けると、驚いたことに長年治らず苦しんでいた背中痛が、一度で治った。何はどうでも、本当にありがたいことだった。そして、しゃもんのことは、ものすごくかわいがってくれた。

「私は絶対、動物はやらないんだけど、しゃもんは大好き！　特別よ」としゃもんの慢性的な下痢の治療をしてくれた。いつもはクールなしゃもんも、この先生のことは大好きなようで、先生が来ると、かなりはしゃいでいた。

先生としゃもんが、何か話している。そりゃ〜聞きたいよ、飼い主としては。けど、先生はめったに、会話の内容を教えてくれなかった。

あるとき、「あなたが怒るときに、口をつかんでねじるのはすごく痛くて、嫌だから、やめてほしいって、言ってるわよ」と指摘された。

先生に言いつけてるやん！

もう、腰が抜けそうであった。確かに私がしゃもんを叱るときは、なるべく最小限の力で叱れるように、マズル（口吻《こうふん》）をつかみ、ねじっていたのである。

う〜む。こういう能力を持つ人もいるのだ。しかも、無料。何かを売りつけたりもしない。

その後の人生で、私はこのような「霊能力者」と数々の出会いをした。（中には、偽者もいたが）

不思議と私は彼らの「全盛期」に関わりを持っていた。そのつど、彼らのその神がかった能力に感嘆したのだが。

この先生を含め、未《いま》だにその能力を維持し、人のために使っている人はいない。私が出会った「霊能者」たちは、その能力も突出していたが、早い人で2〜3年、たいてい5〜6年で、その能力を失う人ばかりだった。原因は皆、同じ「金銭的な欲求」である。

すぐれた霊能力者が、高額の請求をしだして、地味で清貧だった姿が、宝石や鳥の羽、毛皮などで華美に変わる。そうなると、もうその人の霊力がどこにつながっているのか怖くなる。特殊能力は、神仏だけから授かるものでは、ない。

神仏と対極に位置するものだって、特殊能力を持つものは多い。神仏などの高尚なエネルギーよりも、金儲けなど現世的なエネルギーを操るのは、対極にいるもののほうが上手い。とくに、毛皮を着ている霊能者。毛皮は犬や猫、狐など動物の皮を剥いで、つくられるもので、言えば動物の死体である。動物の死体を装飾としてまとっているなんて。毛皮にまとわり付く殺された動物の叫び。そういうの平気なのかなぁ。

また長々と脱線気味だが、ようは動物との「過剰な会話への期待」や「他人の特殊能力（霊能力）を盲信」をするのは、危険ではないか？ と改めて心に留めてほしい。

前述したように、「動物と話せます。気持ちがわかります」「あなたの死んだ愛犬がこう言っています」などの特殊能力は一見「格好良く見える」けれど、「ほんとうかどうか、わからない」ことを忘れないでほしい。そこに高額なものが絡む場合はなおさらである。

もちろん、すばらしい方もいらっしゃるが、その見極めは不安定なものだ。ならば、「他人の言葉」を鵜呑みにするよりも、参考程度におさめ、「飼い主であるあなたが日常生活の中でこの子の性格を通して感じたこと」を信頼してほしいと私は思う。

よく年配の方が（私は女性のケースしか知らないが）ペットとふつ～に、話しているのをご存知ないだろうか？

85歳になるうちの母もよく、猫のはんにゃと会話をしている。

「はんちゃん、ここはダ、メ、ノー！　乗っちゃダ、メ、わかった？」

と、自分のベッドを叩きながら、はんにゃを諭している。

「にゃぁ～」

「ほら！　聞いた。返事したでしょ。はんちゃんは、ちゃ～んと私の言うことがわかるのよ」と自慢げだ。

母よ、惜しい。

確かにはんにゃは、母と会話をしている。しているのだが、このときの「にゃぁ～」は、「あなたの言うことはわかりました」という「にゃぁ～」であって、「あなたの言うことをききます」

という「にゃぁ～」ではない。

けど、母は確かにはんにゃと会話をしていた。細かい誤差はさておき、母は「猫と話せるはずがない」ということを微塵も思っていない。まるで、日常的にごく自然に会話が成り立つように、話しかけているのだ。特に女性は、言葉の通じない赤ちゃんを育てる「母性」という能力が、ペットにも応用されているような気がする。


この「自然に話しかける」ということが、「犬猫生態に関する勉強、知識」「行動様式の観察」というアニマルコミュニケーションの始まりに続くものだ、と私は思う。


「私はペットと会話できない」という人も、日常生活の中で、

「ピース、今日のご飯はいただいた松阪肉だよ～。おいしい？　良かったね～」

「ただいま～。くろ太、わかったわかった！　嬉しいのわかったから、そんなになめないで～」

こんな、しつけとは違う自然な日常会話を、ほとんどの人がペットと交わしていると思う。

このときに、いちいち「私の言葉なんて犬はわからないから」などと思わないし、また「どうせ一方通行の会話だけどね」などとも思わないだろう。ごくごく自然な日常会話。


意識していなかったこの自然な日常会話を、ちょっぴり意識してみると、さらにコミュニケーションが深まっていく。しかし、**このときのポイントは、「考えず」「期待せず」「楽しむ」**ことだと思う。

考えたり、期待したりすると、会話を自分で作ってしまったり、なんだか考えすぎてわからなくなるからだ。この今まで通りの自然な日常会話を、そんなふうに少し工夫して「楽しんで」みる。どうせ誰も聞いてないから大丈夫！

そして、もうひとつ。

ふっと、この子はこう言ってる？　という頭にひびく直感に注目してみる。始めは「気のせい」でもいい。とくかく、ふっ……と感じたこと、に注目してみる。

まずはこの二つの方法を生活の中で、楽しんでみるのはいかがだろうか？

人によっては、さらに自分なりの感じ方や方法を見つける人もいると思う。人とペットの縁はいろいろだから、会話方法だって人それぞれでいいのだ。

ペットとコミュニケーションする注意点としては、「気負わない」「擬人化しない」そして、「美化しない」。

ペットとコミュニケーションをしていると、「あら？　うちの子、もしかして気持ちがせまい？」とか「もしかして、けっこういじわる？」と感じることも出てくると思う。

その性格の不完全さも含めてのその子である。人間だって、誰もが人に言えない「悪い自分」を持ってるもんだ。ペットの悪い（と感じる）面も含めての、その子であるのも、忘れないでほしい。

ようは、あなたとあなたのペットだけの世界である。気負わず現実の行動を観察し、日常生活の中で自然な「ひとり遊び」の会話として楽しむ♪　ことから、始めてみるのはいかがだろうか。

セドナのサイキックが語る亡き愛犬からのメッセージ

アメリカのアリゾナ州にあるセドナ。

砂漠地帯にして、世界中から霊能者、ヒーラー、心霊治療家、セラピスト、ヨガ行者、気功師などが集まるパワースポットとして、近年人気の場所である。

私は2008年（まだ僧侶になるなんて夢にも思っていなかった頃）に縁あってアリゾナ（セドナ）、コロラド、ニューメキシコなど4州を、ホピ族、ナバホ族などインディオと大地を訪ねる旅をした。

とはいえ、私はセドナがどんなところかも知らず、インディオに特別興味があったわけでもなかった。ただ当時お世話になっていた「インナーチャイルドヒーリングと前世療法」のK子先生の主催だとお誘いを受けて、「アメリカ本土ってまだ行ってなかったなぁ」くらいのノリ。

希望者がたくさんいたこのスペシャルツアーに参加できたのは、私を含め4人だけ。（今、思うとこんな私が参加させていただいて、本当に申し訳ない）他の参加者は皆、何年もセドナの地に憧れ、世界の予言をしたインディオ、ホピ族の逸話に詳しい人たちだった。

私といえば出発の1週間前に「えー、アリゾナって砂漠なの？　大変。じゃぁ、紫外線対策しなきゃ」との間抜けな発言にK子先生をあきれさせた。

セドナにはボルテックスと呼ばれる聖なる岩山がある。この地を代表するパワースポットであり、この頂上ではいろんな国の人が思い思いの格好で瞑想をしていた。同行した人たちは口々に「すごい！　パワー」「ほんと！　強烈なエネルギーを感じる」と感動していたが、私はよくわからなかった。ただ「気持ちいい場所だなぁ」と感じただけ。霊感とかないから、こんなもんである。

さて、このスペシャルツアーにはいろいろなヒーリングが盛り沢山についていた。詳しい話は割愛するが、その中にオプションとして、セドナで一番人気の霊能者に見てもらえる、というものがあった。もちろん、申し込んでみた。

霊能者ってめったに会えないし、この頃の「ペットの声なんて自分には聞けない」と思い込んでいた私としては、亡きしゃもんがどうしているか？　聞いてみたかったのだ。

その日は朝から、ワクワクしていた。なんたって、セドナで一番人気の霊能者である。亡きしゃもんの今の状況がわかるのだ。

そして心待ちにしていた面談の時間。

通された室内には、大小さまざまなキャンドルやアロマ。色とりどりのパワーストーンが、雰囲気のある雑貨と混ざり合い、まさにアメリカーンな感じ。神秘的なムードにあふれている。そして笑顔で出迎えてくれたのは、恰幅のいい優しそうな年配の女性。通訳を通し、「何が聞きたいの？」と言われ、

「５年前に死んだ、私の犬が今、何をしているか知りたい」と答えた。

「他には？」と言われたが「それだけです」と答えた。

「ＯＫ」女性がタロットカードのようなものを使い、いろいろなパワーストーンを並べ始めた。もう、私のわくわくドキドキはＭＡＸである。

しばらくして「この犬はあなたの元に帰りたがっている」と唐突に言われた。

「へっ？」

想定外の展開に言葉を失う。

「私がこの犬をあなたの元に帰って来られるようにしてあげる」と言う。

「ちょっと、ちょっと、待って。彼はこの世での仕事も役目も生も全うして、天国に帰った。私はしゃもんが天国で何をしているか、知りたかっただけで、この世に戻ってきてほしいなんて、思ってない」と言うと、

「動物は天国に入れない。この犬は天国にいない」と言われた。

「はぁぁぁ？」

ほんとに、もう、はぁぁ？である。

「じゃあ、死んだ動物はどこへ行くのか？」と聞いたら、

「人と違う動物の場所に行く」と言う。

そして、「この子は帰って来たがっている」と繰り返され、不信感でいっぱいになった。

でも、セドナの有名霊能者だしなぁ。不愉快ながらも困惑し、だまっていると、

「今、ここではその方法ができないから、通訳を通して、この犬をこの世に連れ戻すやり方を書いて日本に送る」と言われた。

そのときに「この人は、今自分でした約束を守らない。日本にその手紙が届くことはない」となぜか感じた。

後日、私の直感通り、しゃもんの魂の召喚方法が日本に届くことはなかった。

その日は後味が悪く、なんだか消化不良のまま宿に帰宅。宿でくつろいでいたK子先生にそのことを話してみた。

先生はだまって聞いてくれ、「どうしてみんな霊能者っていうだけで、その人の言うことを信じたり、振り回されるのかなぁ」とひと言。

ハッと気づいた。

そうだよ、そうだ。やっぱりあの人の言うことは違ったんだよ。そして、いつもは冷静なK子先生の口調が強くなる。

「霊能者、ヒーラー、スピリチュアリスト、宗教者、そんな立場の人は、いつもは、『木にも鳥にも、石にも魂は宿る。魂はワンネス。全てつながっている』そう言うのに、なぜ、死んだら人間と動物、植物、風、水、それぞれを分ける？　なぜ、動物は人と同じ墓に入れない？　なぜ、動物は天国へ行けない？　魂はワンネス。ひとつではないのか」

いつにない強い口調に圧倒される。まるでK子先生ではなく、誰かが先生の口を使ってしゃべってるかのようだ。

その言葉の後は、いつもの先生の冷静な口調に戻り、

「佐知子さんは（私の本名）今、何が一番の望みなの？」と聞かれた。

「本当は、しゃもんにもう一度会いたいです。ただ、この世に戻ってきてほしいとかなんて、思っていません。ただ、もう一度、もう一度でいいから会いたいんです。本当は会いたい、それだけです」そう答えた。

「しゃもんが死んでから、その存在をまったく感じたことはないの？」と聞かれた。

「いいえ、存在を感じることはあります。いつもいつも一緒にいましたから。私が仕事をしてい

る足元で寝ているしゃもん。一緒に通った山に行くと、全力で山を疾走しているしゃもんの姿は目に焼きついているし、彼の銀色の被毛をなでたときの手の感触を今でも感じたりします。手が覚えているから」そう言うと、

「そう、じゃあ、あなたの夢はもう叶っているのね」と言われた。

しゃもんと一緒にいたい。もう一度会いたい。そんな私の夢はもう叶っていた？

衝撃が身体を貫いた。

「そうです。そうです、私、感じてる。しゃもんが死んでからも、しゃもんの全ての残像を目が、耳が、手が覚えている。それが鮮やかに存在感を持つことがあります。そうなんだ。私はいつもしゃもんと一緒にいる。私の夢は叶っていたんだ。これからも」

このときの衝撃をうまく表現できないが、私の魂の琴線にビビーンと響いたのは間違いない。しゃもんに会いたい、という執着と葛藤が、私の中で「しゃもんとはいつも一緒にいるではないか」という確信に変わった瞬間だった。

変化は一瞬で起こった。

そして、この時点から私と動物たちとのご縁はますます深くなり、死後のペットの存在をだんだん感じるようになっていった。しかし、なんのことはない。その「衝撃の気づき」「確信」を気づかせてくれたのは、異国の霊能者ではなくK子先生のプチカウンセリングだったのである。

う〜む。青い鳥は旅先でなく身近にいるものだ。

私が天寿を全うしたらまた会える、とは思っていたが、このときまではやはり、しゃもんと一緒にいたい、もう一度会いたい、こんな思いは抱えていた。そんな私の夢はもう叶っていた。なんだ、そうなのか！　誰に何と言われようと、ようは自分が納得すればいいのである。論理も常識も関係がない。

私は「なんだ、しゃもんはいつも変わらず足元にいたんだ。そうなんだ、これからは、どこでも入れるし、リードをつけなくていいんだぁ。うわぁ、嬉しいなぁ。ああ、私が一番したかったことだ」心からそう思った。

今までの「しゃもんにもう一度会いたいなぁ」と執着していた思いが、この瞬間からまったくなくなった。だって、今、ここにいるし。と普通にそう思えて、「また会いたい」と願うことがなくなったのだ。そして、不思議としゃもんのことを思い出す時間がどんどん減っていった。

この「気づき」はあの霊能者の先生がいてくれたから、気づけたことである。そうして、人の肩書きや地位などで、ものの真偽を決めてはいけないこと。自分のペットの気持ちを感じる。言葉を聞く。こんな大事な部分は、安易に他人に一任してはいけない、ということ。そんな大切なことを学ばせてもらえたのだ。

霊能者の人にもやはり、感謝である。まったく人の出会いには無駄がない（というか、無駄にするか、しないかは自分次第である)。このときまでは、まだ「しゃもんにもう一度会いたいなぁ」と感じていたのだが、今振り返ってみると、やはり動物との過度の意思疎通というのは、「必要でないからできない」のだと私は思う。

他にもこんなことがあった。まだ私が動物ライターで、しゃもんが若犬だった頃、友人からM市の霊能者を紹介された。(すみません、単純に好きなの。占いとか、こういうの〈笑〉)30分きざみで面談できるのだが、もう予約の電話がチケットぴあ状態で、電話がつながったときには、予約不可。何度もチャレンジして、ようやく予約をゲット!

当日、待合室はキャンセル待ちの人が20人近くいる。すごい。

この霊能者は、相談の他、除霊やお祓い、方位、御札など、とにかくオールマイティらしい。やっと順番がまわってきて、しゃもんの写真を見せると「ああ、いい犬だねぇ。この犬があなたを守り、あなたがこの犬を守っているのかぁ。いいねぇ」と言われ、なんだか嬉しくなる。あの琉球王朝の気功師の先生と同じ言葉だ。

「この犬が今、何を望んでいるか、教えてください」と言うと、霊能者は頭を振って「何も」と。「じゃあ、今の生活のここを変えたいとか、もっとこうしてほしいとかは」と言うと、また頭を振り「何もない」。

面談、以上。

このときは、正直「何も得られなかった」面談にガッカリだった。

しかし、今思うとこのときに、このような答えをもらって、良かったと思う。このときに「この犬はこう望んでいる」「こうしてほしいと言っている」と言われたら、私はそのことを鵜呑みにしていただろう。

予約の取れない霊能者という肩書きだけで、この人が言った言葉＝しゃもんの言葉と信じたと思う（だいたいが自分の犬の言葉を、身元もわからない自称霊能者に聞こう、と思って行ったのだから）。

その霊能者が言った「（この犬は）何も（望んでいない）」は、本当のことではなかったのではないかと思う。本当はしゃもんの要求や望みはいろいろ、あったのではないか、と思うのだ。

この霊能者の「何も」は、「あえて伝える必要はない。なぜなら人と犬はしゃべる必要がないから、しゃべれないのだから。だからこそ、この犬との生活の中であなた自身が、犬のことを勉強し、観察し、『犬の望み』を『感じ取る』ことが大切なんだよ」

と言われたのではないか、と自分なりに解釈した（まっ、実際のところはわからないけど。毎度のことだけど、「出来事は自分が納得すればいい」と思っているので）。

それから年月がたち、私は高野山の密教僧侶になり、いろいろな修法を学んでいる。

しかし、セドナの霊能者が言ったような「召喚法」は、安易に使うものではないし、安易に願うものでもない、と今では思っている。

何度も繰り返すが、自分のペットと築き上げた信頼、絆、愛を、安易に他人に渡してはいけない。愛の絆は死で切れない。だから、「自分のペットの言葉」という大切な大切な部分は、自分で感じてほしい。

愛するものの魂は必ず引き合うのだから。

これってホントにうちの子のメッセージ？　その見分け方

確かにうちの子のおしっこのタイミングや、散歩、おやつの催促、痛い、暑い、水飲みたい、眠い、かまって！　などの意思表示はわかる。

だけど、私たち飼い主は、もう少し踏み込んだ「会話」のようなことを望んでいる。共通の望みの多くは「うちの子の望みを知りたい」ではないだろうか？　犬猫は言語による「意思の疎通」ができないので、「感情」以外の「意思」を読み取るのが難しい。

人の子ならば知りたくもない望み「車が欲しい！」「新しいワンピースと靴が欲しい～」などをペラペラしゃべってくれるのだが。人に比べると健康なペットには、してあげられることが多くはない。だから、よけいに「せめて、この子が望んでいることをしてあげたい」と思ってしまう。

同時に「望みは？」と聞いて、

「毎日、海で泳ぎたい。byレトリバー・ジョン」

「一日中、フリスビーをしていたい。byボーダー・サスケ」

「好きなものを好きなだけ食べたい。byビーグル・チョコ」

なんて言われても困るので、そこそこのコミュニケーションでいいのかもしれないが。

前章までで「絆ある飼い主が、うちの子の言葉を一番聞く」と、事例をあげつつ様々な角度から紐解いても、やはり「感じ取る世界」は、私たちにとって未知の世界なので、なかなか感覚をつかみづらい。そこで、同じ疑問がぐるぐると、巻き起こる。

「なんとなく、こう言ってるみたい」

「たぶん、こんなことがいいたいんじゃないかなぁ。でも、これって本当にうちの子のメッセージ？」

「自分の気のせい」と「うちの子のメッセージ」とを明確に分けることは、難しい。

それに、あまりそこにこだわらないほうがいいとは思う。

「気のせい」と思った言葉も自分の中からきているものだし、「うちの子の言葉」も自分の中で感じるものだから、選別が難しいのだ。

私は「自分でこうキャッチしたから、そうなんじゃない？」

「こんなふうに聞こえたけど、発表することでもないし、まっ、いっか」

こんな感じで、かなりテキトーである。

普段、感じるペットの言葉は、私たちの日常会話同様、たいていがたわいもないことだと思うし。しかし、明らかに「これはうちの子の言葉じゃない」と明確にわかることもある。

前章までに出てきた、私が実際に経験した事例をあげながら、「自分の気のせい」と「うちの子の言葉」を分けて考えてみたいと思う。

うちの子の言葉と感じる6つのケース

❶ふと感じるケース

今までに繰り返し提案してきた「自然な直感」で受け取るケース。

「あ、この子は、こんなこと言ってるんじゃないかな」

「こんなふうにしたいんじゃないかな」

「ホントは嫌なのに、私のために我慢してるのかも」

ペットと生活していると、ふとした瞬間に、こんなふうにペットの声を感じることがある。

しかし「気のせい」「自分の思い込み」で、スルーしてしまうことがほとんどではないか？

実はこの直感パターンが、私たちがペットととるコミュニケーションパターンで一番多い、と私は思っている。けれど残念なことに、スルーされることが一番多いパターンでもある。理由は「気のせい」「自分の単なる思い込み」と思うから。

何度も繰り返すが、普段ふとした瞬間に感じるペットの言葉は、誰かに伝えなきゃならないことでもないし、人生の一大事ってことでもない。

「リンダもう歩きたくなぁ〜い」

「あ、ランちゃんだぁ〜、嬉し〜、あそぼ〜」

「もう…… 帰ろうよぉ……」

ペットの言葉も通常はこんな、私たちの日常会話、独り言のようなたわいもない内容が多い、と私は思っているので、

「ふ〜ん、そうなんだぁ〜」

「じゃあ、その通りにしてみようね〜」など、軽く受け取ればいいと思う。

こう書くといかにも「アニマルコミュニケーション」だが、よくよく考えてみると、

・「リンダもう歩きたくなぁ〜い」＝犬が歩きたくなさそうに座りこむ。

・「あ、ランちゃんだぁ〜、嬉し〜、あそぼ〜」＝仲良しの犬が来たら、走って寄って行った。

・「もう…… 帰ろうよぉ……」＝友人と立ち話を長くしていたら、犬が家の方向に行こうとひっぱる。

何度も繰り返すが、このような「会話」は、特に力まず通常私たちがやっていることだ。「リンダもう歩きたくなぁ〜い」＝犬が歩きたくなさそうに座りこむ。

こんなときに、「私の気のせいかしら？」なんて無用な思考はなく、「リンダもう歩きたくなぁ〜い」「はいはい、じゃあ、抱っこしようね」または「もう少しなんだから、歩きなさい」などと、多くの人がごくごく自然に「会話」していると思う。

以前、シェパードを飼う私の知人が、

「昨年の真夏に、シェパードのベルナがしきりに部屋をうろうろ落ち着かなくて、どうしたの？　どうしたの？　って言っていたら、突然ベルナがウォンって吼えたの。そのときになぜか〝**エアコン**〟って言葉が浮かんだの。エアコン？　エアコンがなんだろう？　猛暑日が続くから確かにエアコンはフル稼働だったんだけど。とりあえずフィルターを見ても、汚れていない。それでもベルナがしきりに部屋をうろうろ落ち着かず、どうも〝エアコン〟という言葉が聞こえるから、電気屋さんに見てもらったら、もう中が一面真っ黒で、かびがビッシリ。さすが、嗅覚のいい犬だと思ったけど、エアコン‼　って直接指摘されるとは、思ってなかったわ。まぁ、それは気のせいか偶然だろうけどね〜」

人の経験を客観的に見ると「それって偶然かなぁ〜」って思いませんか？

こんなふうに本人は「気のせい」かもと思いつつ、自然に直感でキャッチしているペットの言葉が一番多いように思う。

❷声のトーンで知るケース

このケースが一番わかりやすいのではないかと思う。

これは第1章「嫌われクロ」の項で、今までご飯をあげるも、シャァーシャァー威嚇していたクロが、最後に「にゃぁ～」とかわいい声で鳴く、という自己表示だ。

これは非常にわかりやすいコミュニケーションのケースだと思う。

この話の流れを知った人なら、このクロの「にゃぁ～」が、どんな意味を持つ言葉なのか、クロがどんなニュアンスのことを言いたかったのか、わかると思う。

始めの「シャァー」は、敵意、恐怖、不安、怒り、威嚇の表現。

最後の「にゃぁ～」は、甘え、信頼、救助要請、すがりつき、許しの表現。

クロの場合はハッキリした言葉ではないけれど、この訴えかけるような鳴き声は明らかに「クロの心の言葉」だということは、ご理解いただけると思う。

このような声のトーンで知るペットの気持ちのケースは、実は私たち飼い主が日常的に使っているわかりやすいコミュニケーションツールでもあるのだ。

❸行動で知るケース

もうひとつわかりやすいケースとして、「声のトーン」の他に、ペットの行動からペットの気持ち、言葉を読みとる方法がある。

ようは観察眼である。

虐待犬プッチの項目（39頁）のように、「自分の行動によって飼い主の気をひきたい」という意思表現がある。

一番ポピュラーなのが「あてション」。長時間留守番させられた（人間も大変なんだからという理屈は通じない）。新入りが気に喰わない、などの「ペット自身が嫌だと思ったこと」からトイレ以外におしっこをするパターン。（たまにうんちもあり）

また猫族はハンガーストライキなどによって、自分の欲求を押し通す（食べたい缶詰をゲットする）方法をよく使う。

犬も「すねたり」「おもしろくないことの抗議」として、あわれそうに病気のフリをすることがある。

プッチが使った方法は、時として人もとる方法でもある。

ようは、かまってもらいたい相手の気をひくために、頭痛や腹痛など具合が悪くなる、というものだ。本人の無意識の場合も多い。

学校に行きたくなくてお腹が痛くなった、親や恋人の気を引きたくて「具合の悪いフリをする」または「具合が悪いと思い込む」なんて、そんな経験はないだろうか？

このような行動で知るケースは、声のトーンで知るケース同様、わかりやすくて、かなり明確なコミュニケーションパターンである。

❹不快ではないが、理解できないケース

前記の声のトーンと行動から見る、は飼い主としては、想定内の「うちの子の意思表現」だと思う。しかし「不快ではないが、理解できない言葉のケース」は、ある意味特殊ケースだ。これは30頁の「野良猫チャンク」に出てくる「泣いてくれてありがとう」の言葉である。

当時は何の意味なのか？　本当にチャンクの言葉だったのかわからなかったが、その意味を理解し、「ああ、本当にチャンクの言葉なんだ」と実感したのは、それから10年後、自分の愛犬しゃもんが、亡くなったときである。

このように、その場面ではわからなくても、後になって解明されることもある。

その際の言葉の真偽は「自分（飼い主）が不愉快ではないか？」

その「今の時点で理解できない」は、そのときの自分の感情が不愉快でなければ、そのままに

しておけばいい。

理解することが必要ならば、人生のどこかでそのチャンスはやってくる。「わからないことがその時点の答え」のこともあるのだ。それは、時間がたってもその子の言葉である。

反対に「その言葉」に不愉快さを感じたら、すぐに手放し、忘れることだ。

それは、あなたの愛した子の言葉ではない。

❺誰かの口や書物を通して伝えてくるケース

「ペットが教える飼い主との出会いの意味」の項（56頁）の脳腫瘍のちびが、私の口を使って「お父さんの存在に気づいて欲しくて、こんな姿になった！」と伝えてくるケース。

しゃべられた本人（私）は誰に何と言われようとも、自分のコントロール外であるのだから、これは間違いなく、ちびの言葉、と私は思っている。

しかしこれは明らかにレアケース。というか、反則にとられがちなのだが。実は皆さん、気がつかないだけで、このようなケースを経験しているのではないかと私は思う。

あなたにも、こんなことはなかっただろうか？
・ある問題に悩んでいたら友人が雑談の中で、ふと問題の答えになるようなことを言ってくれた。

・手に入らずに、欲しい欲しいと思っていた物を、誰かが「こんなもの、もらっちゃったけど、いらないよね？」と持ってきてくれた。
・「嫌われクロ」（24頁）で私が体験した、本屋のマットにつまずき、手をついてしまった本に答えがあった。

など。また、こんな経験がある。

私は、アイさんという男性が維持する犬猫保護施設にボランティアで行っているのだが、通い続けるには時間や労力はもちろん、あれもしてあげたい、これもしてあげたいとの思いと共に、それなりの出費もある。私は一時そのことに悩んでいて、本棚の整理をしながらぼーっと、そんなことを考えていたら、一冊の本の間に親指がすっぽり入ってしまった。

本を引き抜きつつ、何の気なしにそのページを開いて見て、ビックリギョーテン‼

私の目に飛び込んできたのは……。

「施しはするものではなく、させていただくもの。施しなさい」

という言葉だった。

ああ、いいんだ。捨てられた犬猫たちに尽くしていいんだ。

そうだ、無償で手伝いをさせていただくことによって、私はいろんなことを学んでるじゃないか。兄弟子《でし》さんに「それは菩薩行《ぼさつぎょう》ですね」と言われたじゃないか、私はアイさんの保護施設を手伝っていると同時に、菩薩の修行をさせていただいているんだ、と思わず号泣してしまった経験がある。

話を戻すと、脳腫瘍のちびが私の口を使ってメッセージを伝えてきたのも、このように、他人の口や行動を通して、また書物を通して探していたものの答えとなるメッセージを伝えてくるのも、同じことだと思う。

多くは「偶然ね～」と語られるこのことは「シンクロニシティ＝共時性＝偶然の一致」などと言われている。この現象を利用しやすくしたものが「エンジェルカード」（毎ページにメッセージが書いてあり、ぱっと開いたページのメッセージを読む）や「日めくり格言カレンダー」ではないかと思う。

日めくりカレンダーもあなどれない。

以前、私は学校で授業を受け持っていて、どうにも思い通りにならない進行に、いらだっていたときのこと。友人の家に遊びに行ってその授業の話題になり、偉そうにこの授業のことを語っていた。そして、トイレを借りたら、正面にかけてあった日めくりカレンダーには、

「あんた、カッコつけすぎなんだよ」

がぁぁぁーん、怒られたぁ〜、その通りです、すんましぇ〜ん。

このように、そんなことに注目して生活していると、生活上の問題の答えや、ペットの気持ちも「誰かの口を借りて、また書物を通してしゃべる」。

こんな宝探しのようなコミュニケーションのとり方もあるのだ。

❻言葉に得心と感動があるケース

この得心と感動の内容は、人によりいろいろだ。

例えば、重複するが（ペットの言葉の表現方法は、この6つのパターンの中で重複するものも多い）脳腫瘍のちびが言った「お父さんの存在に気づいてもらいたくて、こんな姿になった！」という突然の言葉は、現場にいた人を一瞬で感動させるに十分な言葉だ。

同時に、「なんでちびはこんな病気に？」という疑問の答えであり「あ〜そうなんだぁ」と感動とともに得心する言葉でもある。


先日、アイさんの保護施設で「こむぎ」という三毛猫が亡くなった。

20年続ける保護施設に初めからいた子で、おとなしい美人さんで推定22歳！

危篤状態で入退院を繰り返してから、なんと、その後3ヶ月も自力で食べ、排泄していた。

最後の３ヶ月の間は、もう何でも好きなものをあげようと、毎食、新しい缶詰とまぐろ、えび、白身のお刺身を平らげていた。そして、施設内の好きな場所場所に自分で移動し、穏やかに過ごしていた。生きているのが不思議な腎臓の数値と、黄疸で真っ黄色の口のままで。

不思議と食べているのにみるみるやせて、最後は骨格標本のように枯れていった。その後ありがたいことにあまり苦しまず、大好きなアイさんに抱かれて逝った。

臨終に立ち会えなかった私は、お墓で読経したあと「こむぎちゃん、もう天国についた？」と何気なく独り言のように話していたら、突然、

「天国はここでした」

こむぎだった。

もうもう「気のせい？」とか「思い込み？」とかも考えている余裕もなく、ただただ号泣である。

このように、「感動と得心」を得る言葉も、絆あるうちの子の言葉だと、私は思う。

以上がうちの子の言葉と感じる６つのケース。

さて反対に、うちの子の言葉じゃないものは、飼い主が冷静であればすぐにわかると思う。

うちの子の言葉じゃないもの

- 言葉に違和感を感じる。
- 言葉がネガティブ。
- 言葉が不愉快。
- 言葉をなるほど！　と得心できない。

こんな言葉は、うちの子の言葉じゃない、と思っていいと私は思っている。

私のしゃもんが死んで、1年くらいたった頃、友人にしゃもんの思い出話を聞いてもらいながら、新宿を歩いていたときのこと。

「しゃもんはモデル犬として、いっぱい仕事もしてもらったけど、毎週のように山や川に行って、キャンプして走って、私の人生の至福の時間だったなぁ」と私が言うと、「しゃもんくん、愛されてほんとに幸せだったよねぇ～」と友人が言ってくれた。

次の瞬間、私の口が**「盲愛だけどね！」**大きな声で言った。

その言葉に顔を見合わせ、固まる私と友人。

同時に「今の誰？」

「うわぁー、鳥肌、鳥肌たったぁー!!」

「こ、怖いー!!」

「しゃもんじゃない、しゃもんじゃない！」

「じゃあ誰ぇ――!?」

逢魔《おうま》が時、新宿大通りの交差点で、パニックになる女ふたり。

怖かったのは通行人のほうだったかもしれない。


また、前述のセドナの霊能者の言葉「動物は天国に行けない。あなたの犬はあなたの元に帰りたがっている。私が帰れる方法を教えてあげる」という言葉。私はこのときは動物の言葉など感じなかったが、彼女が間違っている、のは確信できた。なぜなら、その言葉が「不愉快極まりない」ものだったからだ。

飼い主が出来る限りの愛と情熱をそそぎ、潔く見送った動物は決して迷わない。まっすぐ素直に天に帰る。

似たようなケースで、学校の生徒がある日、泣きながら訴えてきた。

「先生、先週死んだ私のダックスのお葬式に来たお坊さんに、「この子は成仏できないで苦しい、苦しい、って言っているから、卒塔婆《そとば》を立ててもっと手厚く供養してあげないとだめだ」って言われたんです。先生、ポポロンは成仏してないの？　今も苦しいって言ってるの？　15歳まで元気で、最後の半年は家族全員で看病したんだよ。卒塔婆って立てたら成仏できるの？」

ちっきしょー、くそ坊主、ぶっ飛ばす‼

こんな話は本当に、ハラワタが煮えくりかえる。

落ち着け私。と必死で怒りを抑えて、生徒と対峙する。

「ああ、そんなことをお坊さんに言われたら、不安で泣きたくなるよねぇ。うん、じゃあ、時間を少し戻して、ポポロンがまだ生きているころ、どういうふうに過ごしていた？　そのときポポロンは、どんな感じだった？　―（割愛）―最後のとき、ポポロンはどんな状態だった？　あなたはそのとき、何を感じた？」などと、カウンセリングをしていく。

本当は「あのさー、そいつは坊主じゃなくて、ただの詐欺師だよ。なんで、そんな卑劣な奴のたわ言を信じるの」って、言いたいんだけど、傷ついた彼女の気持ちは、彼女自身でしか癒せない。あくまでも、私はその手伝いしかできないのだ。

こんなときに必要なのは「言い聞かせ」や「説法」でなく、彼女の感情に寄り添い、十分に気持ちを聞いた後で、物事の真偽を整理していく作業である。

カウンセリングを進めていくと彼女が自分から「先生、もしかして、そのお坊さんの言ってることが間違ってるの？　お金を使わせようと思ってそう言ったの？」と言った。

もうここで、カウンセリングはほぼ終了である。しめた！　自分から言わせた、気づいてくれた。ここで初めて、私が自分の意見を言う。

「そうだよ。その人は坊主のかっこうした詐欺師だよ。それも恐喝まがいのね」

というと、驚いたことに彼女は「やっぱりー‼」と言ったのだ。

最後に「ポポロンが、今も苦しいって言っていると思う？」と聞いたら、彼女は笑いながら、首を振り、憑《つ》き物が落ちたように晴れ晴れとした顔で、「早くお母さんに報告しなきゃ！」と帰っていった。こんな恐喝まがいのことでも、愛する存在を失って弱っている人、藁をもつかみたいとき、人は邪悪を信じてしまうのだろう。

しかし、問題はこの坊主である。恐喝まがいの詐欺と自覚があるならまだしも、本当にそうだと信じているなら救いようがない。未成年の彼女が坊主に提示された金額は30万。

人を脅していることに自覚があろうが、なかろうが、聖職者がこのようなことをやると身の毛もよだつような目に遭う。自業自得か。

繰り返すがこのように、

・言葉に違和感を感じる。

・言葉がネガティブ。
・言葉が不愉快。
・言葉をなるほど！　と得心できない。

こんな言葉は、うちの子の言葉じゃない、と思っていいと私は思っている。

こんなふうに客観的にみると、よくわかるのだが、渦中にいるとよくわからず、間違ったことでも、相手の肩書きや強い言い方の態度に押され信じてしまうことがある。

そんなときに、感動と得心と共に胸を打つ「うちの子の言葉」と邪気ある「偽者の言葉」の選別に、この項目が役に立てば嬉しいと思う。


愛の絆ある言葉にネガティブはない。

第4章
彼岸から

執着の行方

宝物は当然失いたくないし、大切だからこそ執着する。人はどうでもいいこと、さして大切じゃないものには執着しない。大切だから世話をする。喜ばせたい。そこにはどうしても執着が生まれる。

ハスキー犬の「しゃもん」が生きている頃、私は自分の中の執着との闘いだった。

長い闘病生活も末期に入ったころのしゃもんは、食道に鈴なりに癌ができ、食べたくても物を飲み込むことができなくなっていた。食欲がないなら、それも生の終焉と致し方ないのだが、大いに食欲があり、食べたがる。

食べる→吐く→苦しむ。水を飲む→吐く→苦しむ、の繰り返し。食べたがるのに、食べられない彼を見ているのは本当につらかった。しゃもんも私も苦しい、辛い。

なんとかできないか？　どうしたらいい？

こうしたらいいか？　いや、この方法なら少しは楽か？　辛く報われない試行錯誤の日々が続く。

こんな生活をしていれば、ますます「しゃもんの生」に執着していく。ある日の散歩のとき、しゃもんはいきなり道に体液を大量に吐いた。苦しげな背中をさすりながら、汚した場所を掃除していると、目の前から店の人が出てきた。

「店の前を汚すなんて、なんてしつけの悪い犬だ！」

非情な言葉を浴びせられる。

「すみません……」

力なく謝罪し、掃除を続けると、ぽたぽたと涙がこぼれた。すると、私の横をやせこけた中型のミックス犬（雑種）が、飼い主に引きずられるように歩いて行った。かなりの年寄り犬で、足を引きずり痛々しくあるが、飼い主はいたわるふうでもなく、携帯電話でメールを打ちながら、自分のペースで散歩をしていた。そんな光景を見ながら、私は思った。

「なんで、私の大事なしゃもんが死にそうで、あんな大事にもされていない犬が長生きしているのだろう。あの命を替わりにくれないかな。あの犬が死んで、しゃもんの命がのびたらいいのに」

本当に心からそう思った。次の瞬間、ハッと我にかえった。

「私はなんてことを。なんてことを思ったのか」

初めて見る浅ましい自分。

しゃもんは毎週のように山で思い切り走り、夏は毎日のように冷たい川で泳ぎ、何種類もの手作り食を食べ、一緒のふとんで眠り、もちろんよく手入れされた光輝く銀の毛並みで……、そんな幸せな一生を過ごしたのに。

ぼそぼその毛の手入れもされず、首を落とし、足を引きずりながら歩く老犬。あの子はたぶん一度もリードを放され、走ったことがないのではないだろうか？　食事も粗悪なドッグフードか、人間の残りものではなかったか？

愛されて大切にされる経験もないのだろう。そんなかわいそうな人生を送る老犬に対して、私は「そんな命なら、私の犬にくれ」と言ったのだ。なんということだろう。家に帰り布団につっぷし、号泣した。こんな恐ろしい人間になるために、しゃもんと出会ったはずではない。しゃもんからは「無償の愛と忍耐」、そして「人生の感動」を教わったはずなのに。

こんな恐ろしいことを考えるなんて。

「死ねばいいのは私のほうだ」

あの気の毒な老犬にあやまり、しゃもんにあやまりながら、涙がとまらなかった。

なにかしらに執着をしないと、長期にわたるきつい介護はできないのではないかと私は思う。

しかし、執着し過ぎると、周りと自分を破壊する。

人は大切に思うものの命を守ろうとするとき、その生に執着する。ときにはその執着、執念が、死にかけた魂を呼び戻すこともあるのかもしれないが。多くの場合、その執着心が自分で自分を苦しめ、別れへの不安や恐怖、悲しみを増大させる。しかし、まれにその慟哭の中で「何か」に気づき、執着を手放し、悟りに近い境地を得る人もいる。ならば、どうしたら執着を手放すことができるのか？

愛するものの死を感謝と共に受け入れて、軽やかに人生を生き、満足の中で死んでいくことが、どうしたらできるのだろうか？

死ぬのが怖いから生に執着する。

死んだら二度と会えない。

動物は天国に入れない。

だったら、死は永遠の別れ。

そんな世間からの根拠のない刷り込みがあり、また生前「死」を語ることが、縁起でもないとタブー視される。

語られない死。

語られないから、わからない。

わからないから、死はなんだか恐ろしい。

死は恐ろしいからこそ、生に執着する。

人は「自分の死」と「愛する人との別れ」の恐怖から、解き放たれると、生きること自体に恐怖がなくなるのではないか？

「死んだら全て終わり」

「死んだ後のことなんて、どうでもいい」

果たしてそうだろうか？　死んだら無になるのか、死してまだ人生は続くのか、どちらも俗にいう科学的には証明されていない。この世の物事を解明するのが科学だとしたら、科学はあの世の有無を未だ解明できていない。だから、死んだあとの世界をどう解釈してもよいのである。

愛するあの子が死んで、いったん天に帰り、そのあとはず〜っと、私の足元で今までと変わらずに生活している、と信じたっていいのだ。

今まで仕事に行くときは留守番をさせていた子が、肉体がない分、「ペット禁止」の看板を気にせず、いつもどこでも、あなたと一緒にいるとしたら。散歩のときにはリードをしなければならなかったのが、これからはつなぐこともなく、車を避ける必要もなく自由に走り回れるとしたら。あなたは、それでもその子の肉体の死に執着するだろうか？

「そんな夢物語なんてくだらない。じゃあ、死んだうちの子が、今までと変わらず生活しているならば、証明してくれ！」

あなたはこう言うだろうか？　ならば、あなたがこの子を愛していた、という愛を科学で証明できるのか？　その子が全身全霊であなたを愛したことが、目に見える形で証明できるのか？

形あるものばかりが、真実ではない。

真実とはあなたが信じたことである。

静かに感じてほしい。死んだあなたのあの子が、そばにいることを感じないだろうか？

あなたは時折、この子に語りかけているのではないか？

「元気にしてる？　お母さんもあなたに会えなくて寂しいけれど、頑張ってるよ」と。

死んで無になるなら、死んだら魂が無くなってしまうならば、あなたは誰に向かって語りかけているのだろうか？

あなたは知っているのだ。死んだ後も私たちの世界が続くことを。

真実とは科学でもなければ、多数決でもない。また、世間でもない。その真偽は別としてあなたが信じたものが、あなたにとって真実となる。

私はしゃもんの死後、思えばいつも一緒にいると感じている。知っている、といってもいい。

深夜に仕事をするファミレスで、しゃもんがいつもと変わらず、足元に寝ている。車を運転していると、その横をしゃもんが飛ぶように走る。しゃもんと呼べば、いつもと変わらず、お義理で顔を向ける。

私は、このような光景を本当に見ているのかも知れない。そう思い込みたいのかも知れない。そんなことは、どうでもいい。

私はそれらを自分の中の事実として、信じた。そう信じたら生きるのがますます楽しくなった。しゃもんの存在をより強く感じるようになった。自分が死ぬのが怖くなくなった。その後の世界のこと云々よりも、死んだらしゃもんと同じ空間に行くのだ。

今のようにしゃもんの存在を感じるのではなく、また同じ空間を共有できる。

死ぬのが楽しみになった。生きるのも楽しい。今まで以上に、いつもどこでも一緒にいられるから。私の考えが真実かどうかは、どうでもいいのだと思っている。

私が愛するものの死を経てなお、苦しい執着を手放し、人生を楽しく歩んでいければいいのだと思う。

人生は起こった出来事ではなく、解釈だからだ。

このような生き方や考え方を、仏教や心理学は説く。

世間や科学にとって正しいとか、屁理屈だとかは関係がない。自分と家族、それらを取り巻く環境が「その解釈で幸せ」ならば、それでいいのではないか？　人は簡単に執着を手放せない。執着をするから偉大なものが生み出せたり、人同士に深いつながりができたりもする。しかし、執着が肥大化し自らを、また周りを巻き込み苦しめ始めたとき、人は執着を持て余し、手放そうともがく。

試行錯誤し、もがいてもがいて、もがいた先に、ふっと「何か」に気づき、あれだけ苦しんでいた執着が形を変えることがある。

その「何か」は人によって違うのだろう。しかし、その「何か」はその人にとっての「幸せに生きるための真実」なのだと思う。

自分の執着や我欲に悩み苦しんだ末に、それらを気づき・悟りへと昇華させていく。

仏教では、それを**「煩悩即菩提《ぼんのうそくぼだい》」**という。

煩悩（苦しみ）は手放そう、手放そうと執着するのではなく、「苦悩（煩悩）とは悟り（菩提）に形を変えるものである」という意味だ。すなわち、苦悩は悟りの種であり、その苦悩の種が悟りという花を咲かせる、というものだ。（※注釈142頁へ）

悟りとは苦悩がなくては、得られないものである、と仏教は説く。悟りは難しいことではない。誰にでも平等に悟りのチャンスは与えられ、そのチャンスは特別な場面ではなく、日常生活に散りばめられている。悟りや気づき、真実、幸せには形がない。

形がないから他者に証明ができない。だからこそ、悟りや気づき、幸せの内容は人によって違う。

「あの人はあんな環境で、なんて不幸な」と他者が言っても、本人がその環境に幸せを感じ、その人の周囲も幸せならば、それでいいのである。

反対に、世間的には何不自由なく、お金持ちで幸せそうな家族が、羅刹《らせつ》の家で修羅場が繰り広げられている。こんなことは珍しいことではない。だから、自分の幸福感に自信を持ってほしい。

幸せの感覚は、世間が決めることではなく、自分が感じることである。

「死んだしゃもんといつも一緒にいられて、楽しいな♪　人生はなんて面白い」

私は本気でそう考えて生きている。自分が死ぬのも楽しみだし、なにしろ執着を手放すと人生が軽やかだ。犬猫などのペットや動物を深く愛し、執着という苦悩に翻弄される私たちは、悟りへの大きなチャンスをもらったのだと思う。

幸せ、悟り、気づき、真実……形ないこの感覚と、言語が通じない動物とコミュニケーションをとりながら、暮らす私たち。

形がない。言葉がない。

だから「感じる」ことや「解釈の仕方」が重要になってくる。

愛する存在ができ、愛を知ると同時に執着が生まれ、執着に苦しむ。執着を手放すことにもがき、自分なりの「何か」に気づき、悟り、諦観、幸せへの真実と解釈に向かっていく。そして、これらを得られた後の人生は、今までと風景が一変する。

平地で見ていた今までの風景が、山の頂上から周りを見回すように遠くまで見える。視野が広がり周囲が見える。人生が根底から激変する。あなたはその大いなるチャンスをもらったのだと思う。

天からもらった宝物（ペット）は、さまざまな気づきとビッグなチャンス付。

どうか、愛おしいその子と一緒に、執着を手放した後に見える、悟りの山頂からの風景を見てほしい。もちろん山頂までの道のりは、でこぼこ道で山あり谷あり、迷うことも多いだろう。

でも、あなたはすでに、その子といろんな場所を歩いてきた。

毎日、毎日、毎日、雨の日も、風の日も、極寒・酷暑の日も。自分の具合がどんなに悪いときも、その子とたくさんの道を一緒に歩き続けた。

最後は二人三脚（二人六脚？）で登ったその幸せの山頂から、その子を天に送ってほしい。

※「煩悩即菩提《ぼんのうそくぼだい》」

煩悩が悟りのきっかけになるということで、本来悟りのさまたげになる煩悩も、その本体は実は菩提（悟り）の本体と同じである、という大乗《だいじょう》仏教の教え。

真言宗では、煩悩を大別して【欲】（何物かに向けた欲望）・【触《そく》】（それに近づいて触れたいと思う欲望）・【愛】（それを愛し、離したくない欲望）・【慢】（それを自由に我がものにした喜び）、それらをそのまま、悟りを欲する心・悟りに触れようとする心・全てを愛する心・衆生済度《しゅじょうさいど》の喜びという仏（菩薩）の特性におきかえ、私たちが本来持っている悟り（菩薩心）にあてはめる、というもの。

――『真言宗小事典』（法蔵館）より引用。

供養の現場

ご供養の現場で、たまに会う切ない光景がある。
大切なペットを失い、嘆き悲しむ飼い主さんの姿は、仕方ない。
山ほど愛した分、別れが山ほど悲しいのは、仕方がないのだ。
飼い主さんの叫びの分だけ、その子は愛されていたのだから。
私が切ないと思うのは、飼い主さんのことではない。
天に帰れず、いつまでも飼い主のそばから離れられないペットたち。
天命を終え、本来天に帰っていくのに、現世に縛り付けられている犬猫たち。
あろうことか、その多くは飼い主の呪縛である。

供養の現場で、こんなことがあった。

ある犬が苦しく長い闘病を終えた。役目の終わったボロボロの肉体からようやく解放され、天に上がって逝こうとしているのに、飼い主の激しい念が死んだその子の尻尾《しっぽ》をつかみ引きずり戻す。

「死なないで、お母さんをおいて行かないで」

「お願い！　戻って来て」

「哀しい！　苦しい！」

「逝かないで、そばにいて」

「もう一度！　もう一度、もう一度、もう一度会いたい」

この子は飼い主に溺愛され、大切に大切にされていた。しかし、さまざまな事情や関わる人たちの考えの食い違いがあり、誰にも看取《みと》られず病院で死んでいた、という最期《さいご》を迎えた。

どんな事情があるにせよ、大事なうちの子の臨終に立ち会えないのは、飼い主とペット、双方にとってあまりに残酷な別れである。飼い主は、自分の大事な子がこんな最期を迎えたのが許せない。

「私の大事なうちの子がこんな死に方をするなんて」

怒り、後悔、疑念、裏切り、苦しみ、憎悪。

激しい慟哭の中、ペットを失った飼い主の顔は、鬼の形相になっていく。そして、「私がこんなに苦しんでいるのに」という恨みの感情は、本来感謝を伝えるはずの家族へと向かっていく。

自分が大切にしてきたペットが悲惨な死を遂げる。確かに耐え難い苦しみである。

しかし、飼い主の恨みが関わる全ての人間や環境に対して、呪いの言葉を吐き出すたびに、その人の背後で地獄の業火《ごうか》が燃え上がる。怒り、苦しみ、慟哭、恨み、辛み、悔しさというさまざまな暗黒の感情に支配され、今まで支援してくれた周りを巻き込み、恨みの業火は膨れ上がっていく。

しかし、この不幸な現実は「私の子がよければ、周りのことなんかかまわない」という、この飼い主の傲慢な気持ちが引き寄せた事象であるのかもしれない。この人は愛犬の生前から、こういう生き方をしていた。とにかく自分の犬への溺愛と自分のやり方を押し通し、それができる環境を作ってくれた家族に対し、感謝どころか「当たり前」という感情で周囲を振り回してきた。

そんな莫大なお金と時間と愛情をかけたうちの子は、幸せな最期を送らなければならなかった。愛した対象がよければ、周りはどうでもいい。うちの子が優先。家族は二の次。

果たしてこれでいいのだろうか？

愛とはこのように、誰かだけが良い思いをする、という一方通行なものだろうか？　納得できる別れ方、満足できる死に方、万全な送り方、こんなことはあるのだろうか？

生死はこんなように、コントロールができるのだろうか？　生とは、死とは、人のコントロールの外にある。それは「思いがけない」ものである。

だからこそ、人は「思いがけない」試練を超えようとさまざまな努力経験をしていく。苦しい試行錯誤を繰り返し、悩み、つまずき、傷つき、もがき苦しみ、いよいよ万策尽きたとき、己の無力を知る。

そして、そこから多くの学びを得て成長していく。それは自分だけの力でなく、周りに支えられて生かされていることへの感謝の気持ちや反省の心だったりするのである。

人とペットはこうした学びの絆のもとで、出会い、傷つきながら学び、別れていくのだと思う。その愛や学びが大きければなおのこと、たった1匹のペットが、人の人生を変えるくらいパワーを持つこともある。そんなとき、私たちは山ほど愛した分、山ほど苦しい別れを受け止めなければならない。

愛と苦しい別れ、生の喜びと死の慟哭は、表裏一体のセットである。

この愛しい子は、「愛とは何か？」を具体的に飼い主に教えるために、悲惨な死に方を選んだのかもしれない。愛とは、死とは、人々の中でシェアされるもので、決して一方通行ではない、ということを。

人生はやったように返ってくる。

家族や周囲に対して自分本位の考えが、この現実を引き寄せたのではないだろうか？　そのことに気づき、周りへの感謝や調和を考えていたら、愛犬とこのような不幸な別れ方ではなく、家族の愛の中で抱きしめて送ってあげることもできたのではないか？　それがこの方と愛犬との学びだったのではないだろうか？

体を張って、そんなことに気づくチャンスをくれた子が、あなたと出会ったお役目を終え、天に帰ろうとしているのに、あなたはこの子を手放さない。私だけがこんなに苦しい！　という自ら作った呪縛。家族を巻き込む、激しく長すぎるペットロス状態。

「神さま、すばらしい子をありがとう。この子と暮らせて私に至福の時間をありがとう。そして、この子と暮らせる環境をつくってくれた家族にありがとう。この子を天に返します。どうかこの子を極楽浄土に送ってください。私が逝くまで」

このような感謝の気持ちが持てない。この子のために祈れない。思いは自分の悲しみと怒り、苦しみだけである。

「会いたい！　会いたい！　抱きしめたい！　逝かないで‼」

ずっと叫び続ける。ずっと泣き続ける。

天に帰ろうと四肢をばたつき、もがくこの子の尻尾をつかみ、自分のもとに引きずり寄せようとしている飼い主の姿。こんな情景を飼い主自ら見ることができれば、大きなショックとともに、自らの呪縛から解き放たれることもあろうが、私にはそれを見せる力がない。

私が見ているありのままの光景を伝えたら……

尻尾をつかまれ天に帰れず、もがくこの子の姿を伝えたら……

あとは、私にできることはない。人の思い、執着は力や言葉で説得できるものではない。説得ではなく、納得しないと人は変われない。

本人が自ら気づくしかないのだ。

なぜ私が？　なぜ？　この子がこんな目に⁉

悔しい。恨めしい。哀しい。苦しい。

周りに当たり、今までの幸福を忘れ、自分は不幸だと嘆き悲しむ。

こんな自分の考えにとらわれ、自らを呪縛の檻に閉じ込める。

何も見ようとしないから何も見えない。真っ暗な闇。誰の声も聞こうとしないから何も聞こえない。

一人ぼっちの孤独な空間。

当然、愛おしい子の声も聞こえない。この世に縛られているあなたの犬や猫は言う。

「苦しめてごめんなさい。死んじゃってごめんなさい。ぼく（わたし）のせいで苦しめてごめんなさい。ぼくと出会わなければ良かったね」

あなたの愛犬・愛猫は言う。頭を垂れて、震えながら、**自分のせいで、ごめんなさい。**と。

「死んでしまいたい」

「あの子のもとへ逝きたい」

自分の考えだけにとらわれて身動きができない。まさに、地獄はこうしてできる。地獄は存在するのだ。

地獄とは神仏が用意した空間ではなく、自ら作り上げ己を閉じ込める空間のことである。

この飼い主は自ら作った闇の空間で叫び続ける。

あの子に会いたい！　神さま、助けて！　と。

固く目を閉じ、両手で耳を塞ぎながら、叫び続ける。頭上から差し伸べられる光も、手も見ないまま。

この子はその身を犠牲にして、飼い主の気づきのために、こうして死んだのかもしれないのに。この子に出会えたご縁に感謝して、支えてくれた家族、周囲の人に感謝して、今度はそんな幸福だった人生を、捨てられた不幸な犬猫たちのために還元することだってできるのに。

どうか、あなたがその子と出会えた幸運、一緒に過ごせた至福の時間、周囲がどれだけあなたたちを支援してくれたかを思い出してほしい。

どうか、つかんでいる尻尾を放し、愛しい子を天に送ってあげてほしい。

愛するものの絆は、死をもって切れることはない。

あなたが天寿をまっとうしたときに、必ず再会する。

死は敗北ではないのだ。

あなたは自分が死ぬのを楽しみにしていればいい。

そして、愛犬・愛猫に再会したときに「お母さん（お父さん）、あなたのお陰で、本当にいい人生だった。あなたがうちに来てくれて本当に幸せだった。ありがとう」とあの子に堂々と報告してほしい。


そのときは、ちゃんとその手で懐かしい身体を抱きしめられるから。

この世でできること、あの世だからできること

１章の「野良猫チャンク」が私にやってくれた「神さまへのお願い」のように、この世ではできないが、「あの世だからこそ、できることがあるのではないか？」と私は思う。

この世では肉体の強弱や地位、名誉、お金の有無、知名度、職種などによって、人の優劣、評価がくだされやすい。しかし、あの世ではそもそも肉体や物質がないので、持っていけるものは「思い出と思念と人格」だけである。だとしたら、もともと地位やお金を持たないペットたちにも、「思い出、思念、性格」はあるのだから、人と同様にあの世で存在し、条件がそろえば人と同じような行動がとれるのではないか？　と私は思っている。

私の父は85歳で亡くなった。当日まで自力で散歩し、「昼に食ったカツ丼、うまかったなぁ〜」と言った後トイレで倒れる、という幸せな亡くなり方だった。

しゃもんは、その数年前に亡くなっている。

父は不器用ながら、しゃもんをたいそうかわいがってくれた。あるとき、父が田舎風の東屋《あずまや》で数人の人たちと、丸太の椅子に座り、木のテーブルを囲んで、何かをやっている夢を見た。私が「お父さん、何してるの？」と聞いたら、父が「ときどき、しゃもんが来てくれるから寂しくないよ」と答えた。

変な会話なのだが、そのときは生前と変わらない父の姿と、元気であろうしゃもんを思い、「あ、あちらでも生活や仕事があるんだなぁ」と、妙に安心納得した。

そのことを友人に話したら「ふ〜ん、しゃもんのほうがお父さんよりも霊格が上なんだね」と言われた。しゃもんは父に会いに行けるけれど、父からはしゃもんに会いに行けないニュアンスの夢だったからだ。

まぁ、確かに仙人みたいな犬だったし、私を僧侶にした犬だからね（笑）。真相は解釈次第だけど。

しゃもんは私が現実社会で苦しんでいるとき、さりげなく夢に出てきてくれる。私なんて、坊主のくせに「煩悩の煩悩の大煩悩の塊」なので、苦しみもひとしおだ。夢には出てきてくれるけど、「あ、しゃもん。やっと会えた」という思い描いていた感動の再会ではなく、いつも「ああ！散歩行かなきゃ!!」とあせっている夢だ。（しゃもんは生前、長短合わせ一日七回くらい散歩していたから）まぁ、ごく普通の日常生活の夢である。

そんな夢に出てくるしゃもんはなぜかいつも無表情。ただ不思議と夢の内容が、いつも似たような状況なのだ。

「散歩に行きたいのに行けない」

「他の犬の世話が先で、しゃもんが後回しになり我慢させている」

しゃもんはこの状況を甘んじて受け止めている。

そんな「忍耐」を強いている夢なのだ。

別に言葉もなく、なんのメッセージ性もないような夢だが、よくよく考えると、その時の自分の苦しい状況とリンクするのだ。

「僧侶とは相手に役立つことのために精一杯尽くすこと」が私の信念なのだが、その理想に近づけるように日々、転びながら、恥をかきながら、落ち込みながら、悶絶しながら、なんとか実践しようとしている私の人生に「忍耐」は必要不可欠である。

そんな私にしゃもんは、「忍耐すること」「起こった状況を甘んじて受け入れること」こんなことを死してなお、教えてくれているのかな？　……との解釈は無理やり過ぎるか。

まぁ、そう解釈すれば、しゃもんの夢も私の中で意味を持ち、光彩を放つ。そんな夢を見た後は、起きてから「ありがとう、しゃもん。昨晩は一緒だったね。勇気づけに来てくれたの？　ありがとう。もう大丈夫だよ」と感謝の語りかけをする。

このような気づき、勇気づけの方法は、しゃもんが生きていたらできなかったことだ。改めて、

「あの世からだからこそ、できること」

があるんだなぁ、「しゃもん、父のところに行ってくれたり、あっちでいろいろやってるんだなぁ」と思った次第で。さすがシベリアンハスキー、使役犬である。


保護施設のアイさんからも、そのことに関連することを言われたことがある。

私がアイさんと知り合う直前、今まで何百もの犬猫を引き受け、保護施設を自費で運営するアイさんは、さまざまな困難の中、作業の手が足りず、ひとりフル回転で体調を崩していた。そんなとき、ひょんなことから私はアイさんと知り合った。（まぁ、絶対ひょんじゃないとはと思っているけど）。

ペットの知識があり、車を持つ私が施設を手伝い始め、ずいぶんとアイさんの手助けができたようだ。なんせ、心身の問題のご相談にのるカウンセラーでもあるし、赤ちゃん猫の世話もでき、施設で亡くなった子の供養もできる、まさに「ゆりかごから墓場まで」の「何でも屋」。

お手伝いを始めてから3年がたち、相変わらず施設の運営はアイさんが自費で頑張っている。

しかし、今や多くの頼もしくも心温かいボランティアさんが数人集まり、施設は今、平和と調和

の中で運営されている。

そんな状況の中、アイさんが時折、私に言ってくれることがある。

「今までに助けて死んでいった何百の犬猫たちが、妙玄さんを連れて来てくれたんだなぁ」

話は少し脱線するが、私は中国陰陽五行から成り立つ「算命学《さんめいがく》」という学問を長年勉強している。算命学とは、人が生まれた生年月日をもとにして、その人の宿命を読み取る、といった古くは諸葛孔明も用いたと言われている学問である。

その算命学の見地からすると、「この世とあの世の気が入り乱れる」という運気のときに、私とアイさんは出会っている。このときの運気はかなり乱高下し、会えないはずの人とはしごがかかる（縁ができる）という時期でもある。

アイさんが幾度となく、「今までに助けて死んでいった何百の犬猫たちが、妙玄さんを連れて来てくれたんだなぁ」と言ってくれるのは、間違ってないと私は思う。

アイさんに救われ天に送ってもらった何百の犬猫たちは、雲の合間から苦しむアイさんを見かねて、ぞろぞろ、ぞろぞろ、ぞーろぞろと、神さまのところに直訴に行ったのではないか？

「た、た、大変です！　神さま。犬やら猫やらタヌキやら、ウサギやら鳩やらカラスやら亀やら動物たちがこぞって、直訴に来ています！　それぞれが口々に直訴してくるもんですから、**ワン**

ワン、ぎゃんぎゃん、にゃぁーにゃぁー、カーカー、ぽるっぽー、ぽるっぽーと、うるさくて仕方ありません。それに奴ら、そこらじゅうにウンコしています！　何とかしてください!!」

そんな舎弟の訴えを聞き、事情を知った神さまは、私に白羽の矢を立てた。

「おっ、こいつ、いいじゃん、いいじゃん。体力もペットの知識もあるし。打たれ強いし。おっ、それに坊主かぁ。ラッキー♪　適任じゃん。よし、こいつにしよう」

神さまは、犬猫たちを乱高下する運気の流れに乗せて（満員御礼）私の元に送ったのではないだろうか？　私は姿の見えない犬猫たちにぐいぐいぐいぐいと引っ張られ、アイさんのところに連行されたのではないだろうか？

そしてそれから数年。

私のほうもアイさんの保護施設で、犬猫たちの世話や、周辺のホームレスさんとの関わりの中で、通常経験できないさまざまな修行をさせていただいている。毎度「起こった出来事は、自分の解釈次第」の私だが、そう考えるとアイさんの感覚、算命学の見地、私に必要な修行……ここに書ききれなかったさまざまな出会いのプロセスが法則性を持って符合していく。

まるで、パズルのピースが組み合わされていくが如くだ。

まぁ、そんな理屈っぽい話じゃなくて、天界でそのような事態が起こっていたのだ、と思うほうが人生が楽しい。だって天界なんて見たことないから、自分の解釈でいいでしょう（笑）。

そんなこんなの数々のことから死は終わりではなく、あの世でしかできないさまざまな仕事があり、役割があるということは、そこに**死してなお、進化向上がある、**ということではないか？と私は思う。

そんなカラクリがあるから、人生は何があってもおもしろいと思うのだ。

第5章

ペットロスからの再生

ペットロスその1

悲しみの号泣から自ら再生する方法

愛しても愛しても愛し足りない。

何でもしてあげたかった。

ずっと、ずっと一緒にいられたら、他に何もいらない。

私たちは、こんな存在を失うのである。

家の中、近所の散歩コース、お気に入りのカフェ、旅先のどこかにいるようで、ついその存在を探してしまう。どこを見ても辛い。仲良しの犬に会っても辛い。何を言われても耳に入ってこない。

「死があるから、誕生がある」

「うちの子は幸せだった」

「終わらない生はない」

そんなことはわかっている。

わかってる、わかってるけど……。

とにかく悲しくて悲しくて、寂しくて寂しくて、辛くて、苦しい。

人にあたってしまう自分をどうにもコントロールできない。

もう一度会いたい。夢でもいい。会いたい。抱きしめたい。いつものように。

この手が覚えている。いつもなでていたあの子の頭の形を、胸の曲線を、暖かな身体の感触を、覚えている。

この目に焼きついている。私を見上げる瞳を、喜びを表現する尾を、一心に私を待つけな気な姿を、幸せそうに眠るその光景を、覚えている。

首輪にもリードにも、ふとんにも、残る、あの子の匂い。

そして、いつまでもいつまでも、ふわふわと出てくる、あの子の被毛。

身体中が覚えている。あの子の存在を、あの子の匂いを、あの子の姿を。

それでも私たちは抱えきれないこの悲しみから、再生しようともがき始める。

どうしたら、この苦しみを乗り越えられるのか。

また笑顔になる日なんてくるのだろうか。

ペットロスからの再生方法は、年齢、考え方、家族や仕事の有無、環境により、立ち直る期間、内容とも人それぞれだが、心理学や生理栄養学の分野から、一般的にお勧めしている方法をご紹介したいと思う。

まずこの項では、自力で再生する方法を8段階で紹介します。

「自力で再生を目指す方法」

第1段階　「廃人期間を決める」愛しい存在が亡くなった直後〜約3ヶ月が目安。

廃人期間とはおだやかならぬ言葉ですが、私が勝手に命名したものなのでご容赦を。環境が許されるなら「3ヶ月・廃人宣言」を周囲や自分自身にすることをお勧めしている。家族や周囲にも協力を求め、なるべく自分のやることを最小限にし、引きこもりの時間をつくる。

この際に「私は忙しくしていたほうが気がまぎれる」と言う方もいるが、ペットを亡くした直後から「無理に気を紛らわせる」ことを私はお勧めしない。

この3ヶ月の間に、唯一やることは「泣くこと」。お勧めはカラオケBOXや人気《ひとけ》のない場所に停めた車の中。

そこで思い切り泣く。わんわん泣く。腹の底から大声を出して号泣する。力の限り泣く。

言いたいことがあったら、遠慮しないで何でも言う。

「寂しいよー、ラッキー」

「ごめんねー、苦しかったね」

このときは、こんなこと言ったらよくないとか、考えない。誰も聞いていないのだから、何でも叫ぶ。身体中に力を入れて泣く。とにかく、この期間は**「感情を思い切り解放する」**ことが大切。ただ、どんなに泣いても「涙が枯れる」ことはない。やはり、いつまでたっても何年しても、涙は出るんだから「この3ヶ月のあとは、もう泣かない！」とか決めないほうがいい。どうせ、また泣くのだから。

大事なのは「感情を思い切り解放、発散する」ことである。

とはいえ実際にやってみると、「身体中に力を入れて、腹の底から号泣する」、これが案外「できない」もんである。

「身体中に力を入れて、腹の底から号泣する」というのは、実はものすご～く疲れるのだ。ちゃんと叫んでいればなおのこと。

そして「うわぁぁぁー、ぎゃぁぁぁー、らっきぃぃぃー、びぇぇぇー」と泣き叫んだあとは、憑き物が落ちたように意外にすっきりするものだ。

繰り返すが、このときのポイントは、**「人目のないところで、力いっぱい叫びながら泣く。腹**

の底から号泣する」こと。

これが後々まで、感情を引きずらないコツである。この期間、部屋でしくしくめそめそ、声を殺して泣いていると後々まで長引く。それは、感情が心の深いところでくすぶるからである。ぶすぶすと燃えカスが残り、自分の気持ちがいつまでも苦しくなる。とにかく、力いっぱい泣き、感情を燃え上がらせる。この3ヶ月で激情は燃え尽くすのだ。

しかし、実際にこの方法で3ヶ月、目いっぱい泣けた人はそうはいない。たいてい1〜2ヶ月で、皆、力尽きる。人は、そんなに泣く体力がないのだ。

私の場合は、しゃもんが死んだときには「悲しい」という感覚よりも、長い長い介護生活に心身がぼろぼろだったので「身体に羽が生えたよう！」という解放感だった。ちゃんと天に送ったという、達成感のほうが強かった。しかし、ちゃんとこの方法をやった。

1ヶ月を過ぎた頃には、「うわぁぁぁーん、しゃもーん、しゃもーん、ぎゃぁぁー！びゃぁぁー‼……。さてと、今日も泣いたし、何か食べよ〜ッと」とこんな感じだった。

第2段階　「自分の体を治す」

ペットの食事や生活環境が格段に良くなり、医療が発達し、人間サイドの知識も圧倒的に増え、近年ペットの寿命は飛躍的に長くなった。しかし、癌や腎臓病など、高齢化するペットが長い闘病、介護生活を送ることも多くなる。それに伴い人間側も、金銭的な医療や介護の負担が増えることとなった。

とくにもともと人間社会にいるペットは、自力で身の回りのことができない上に、介護に対しては社会的理解が得にくく、協力者もいない場合が多い。ともすると、ほとんど一人の人がペットの介護を抱え込む状況になりがちだ。

もともと自分の身の回りのことができないペットの介護は、「代わりがいない」「人に頼めない」面においては、人の介護より高額で大変なことになるケースも珍しくない。

ゆえに、介護する人は、ほとんど眠れず、ろくな食事もとれず、ストレスと疲労でひどい状態になる場合もある。仮に、介護、闘病生活がなくても、その期間が短くても、精神的ストレスはたいへんなものである。体調を壊したり、ときには深刻な病気になってしまうこともある。

なので、第１段階と少しかぶった時期、号泣の合間に、自分の体のメンテナンスをすることをお勧めしている。

緊張から体がバキバキになっていたら、マッサージに行く。髪を振り乱していたら、美容院に行く。幽鬼の如くなっていたら、エステに行く。もちろん、不調の実感があれば、真っ先に医者だ。

そして、食べられるようになったら、ちゃんとご飯と味噌汁を作って食べる。きっと、今まで、片手で食べられるものや簡単な加工品、出来合いの物ですませていたのではないか？　長年、自分は二の次、ペット優先の生活だったのだ。しばらくは自分を癒し、大切にすることを思い出す。

体が壊れて、まともなものを食べてないと、脳神経の伝達も悪くなり、気持ちはどんどん悪いほうへ引っ張られる。悲観的な考えから抜け出せなくなる。

ちなみに私は長年のしゃもんの介護で、心身ともにぼろぼろになった。下痢や嘔吐に苦しむしゃもんは、しょっちゅう外へ行きたがったから、ほとんど眠れない。私が口にするものはコンビニのパンとコーヒーかワイン。そして、抱えきれないほどのストレス。

頭痛、悪夢、関節痛、腰痛、咳、あらゆる不調が出たが、一番怖かったのはしゃもんの介護末期に、いきなり心臓に激痛が走り、その場で倒れこみしばらく身動きができない、という症状だ。このましゃもんより先に死んだらやばい！　そればかり考えていた。

後頭部は常に殴られたようにズキンズキン痛んでいた。しゃもんを天に送って医者に駆け込むと、細かい脳内出血のあと、軽度だが心筋梗塞のあと、疲労性肺疾患、重度の低血糖だった。愛犬の介護で死んだら、犬がかわいそうだ。自分（ペット）を愛してくれた存在が自分（ペット）の介護のせいで、病気になるなんて。

とにかく、早い段階での自分（人間）のメンテナンスをお勧めする。「自分を大切にすること」

を思い出して、自分を甘やかし、眠れるだけ眠り、しばらく休養してほしい。

第3段階「うちの子を語る」

「泣いて感情を吐き出す」「身体を治す」と同時に大事なことが「うちの子を語る」である。

これは受けてくれる相手のあることなので、できたらある程度「泣いて感情を吐き出す」ことをした後がいい。「感情を吐き出す」前に、人にうちの子の話をすると「相手に話しながら泣いて感情をぶつける」ことになりかねない。いくらペットを亡くして悲しいとはいえ、最低限のマナーは配慮しないと、ペットと同時に友人もなくしかねない。

それともうひとつ配慮したいのが、家族に対してである。ペットを亡くして辛いのは自分ばかりではない。家族に甘える範囲ならまだしも、自分の感情の捌《は》け口を家族に求め、当たり散らすというのは、あまりにもおとな気ない。

しかし、「家族に感情をぶつけ、あたってしまう」という状況は、けっこうある。家族はペットを亡くした悲しみと、パートナーの激情を二重に受け止めることになり、なおかつ泣いている相手に反論もできず、かなりなストレスを抱え込むことになる。それが、時間とともに、夫婦崩壊になるケースもめずらしくない。

ペットはそんな状況を悲しんで悲しんで、ただ見ていることしかできない。生きているときのように、二人の中に割って入ることもできない。一声吠えて「やめて！」と訴えることもできない。もう肉体がないのだから。

大好きな家族が、自分のせいでもめている。自分のせいで壊れていく。ペットにとってこんな辛いことはない。

話を戻そう。

うちの子の話を誰かに聞いてもらうことは必要であると同時に、とても重要なことでもある。しかし、いくら悲しいからと言っても、なんでもありなわけではない。話を聞いてくれる相手だって、そもそも「楽しい話」を聞くわけではないのだ。友人であれ、家族であれ、涙ながらの自分の思い出話を聞いてくれるのだ。人に自分の愚痴や辛い話を聞いてもらうときには、「聞いてもらっていい？」、話し終わったら「聞いてくれてありがとう」と感謝の言葉を口にする。これは人としてのマナーである。

いきなり感情をぶつけるように何時間も、一方的にしゃべり続ける。こんなことが続くと相手は参ってしまう。しゃべっている側の1時間はあっという間だ。しかし、人の話を聞く1時間はかなり長い。そんなことも考慮して、

話を始める前に「少しうちの子の話を聞いてもらっていい？」話し終わったら「聞いてくれてありがとう」とお礼を言う。

その際、1回の時間は1時間くらいが適当だ。長くても2時間くらいにしておく。足りないくらいで、ちょうどいい。

その時間の中で、思い出話をたくさん語らせてもらおう。うちの子とどんなふうに過ごしたか、どんな病気になって、どんな看病をしたのか、そのとき自分はこんな気持ちだった、語りたいことはたくさんある。しかし、このくらいの時間でマナーを守れば、ほとんどの人が「また話してね」「またいつでも聞くよ」などと言ってくれるだろう。

うちの子の話は時間の経過とともに、話したい内容も変わってくるし、やはり思い出が多いから、いくら時間がたっても話したい思い出はたくさんある。だからこそ、「うちの子の話を聞いてくれる人」の存在は大切にしたい。

私はかつて（僧侶になる前）、愛犬を亡くした友人のところにお線香をあげにいったとき、玄関からいきなり話が始まり、その犬が生まれた頃から死ぬまでの歴史を8時間もしゃべり続けられたことがある。その間に、獣医の悪口、家族の対応の悪さなどを愚痴と悪口を浴びせられ続けた。

相手は興奮し、時折涙ながらに話すもんだから、当時はただ受け止めるしかできず、その後、人の話を聞くことがトラウマになったことがある。このときに「この人の家族は毎日こんなふうに、責められたり興奮した話を一方的に聞かされているんだろうか？　大丈夫なのかな？」と思ったのだが。案の定その後、そのご夫婦は破綻してしまった。

「うちの子の思い出話を話す」ことは、愛するものを失ったとき、健全に再生するために必要かつ重要なことだ。ぜひ、マナーを守ってうちの子の話を語ってほしい。

第4段階「やりたいことを考える」

ペットが死んだら、こんなことをしよう。あんなこともしてみたい。習い事、資格の取得、海外旅行。特に一頭飼いの場合、ペットがいなくてできることを考える。

これはもしできたら、ペットの闘病が末期になった頃から考え始めるといいのだが。「まだ頑張って生きているのに、縁起でもない」と拒否反応をしめされる方も多い。しかし、人間と違い寿命が短いペットは、近い時期に天に帰るのである。その事実を考えず、ただその子の生に執着していると、いざその子が亡くなったときに、自分自身がパニックになる。そうなると、周りを巻き込んでの深刻で長期のペットロス状態になることがある。そんな状態は本人も苦しい。家族も苦しい。

泣き苦しむあなたを、ただ見ていることしかできないペットも苦しい。心配で天に帰ることができない。そんな事態を避けるためにも生前から自分なりの「死生観」を考えることは大切なのである。

どんなに大切にしていても、ペットは近い未来に絶対に死ぬのだ。「絶対」という言葉は、実は心理的危険ワードであり、この言葉を多用する人は人生が苦しくなりがちだ。

物事に「絶対」はないからである。

「絶対○○だ」と決め付けたときから、他の可能性が思考の中から排除され、ひとつの方向、方法に決め付けられてしまう。物事は多方面から見ると、必ず他の方法があるものだ。その方法を探し出すのが、カウンセリングであり、思考の行き止まりからの脱出であるのだが。

しかし、あきらかに「絶対」というものもある。そのひとつが、私たちのペットは近い未来に「絶対に死ぬ」ことである。この「絶対」はあきらかな「絶対」なので、「その子の死後の自分」の生活を想定しておくことは、健全なペットロスの回避方法でもある。

その子の死後も、自分の生活は続くのである。ならば、楽しい人生であってほしい。この子を天に送ったら、こんなこともあんなこともしてみよう。やりたかった勉強も始めてみよう。こんなおしゃれもしてみよう。この人にも会ってみよう。あそこのお店も行ってみよう。憧れのあの国も旅してみよう。

うちの子が闘病しているときに、こんなことを考えるのは不謹慎だろうか？

私は苦しく、長い介護生活に、こんな楽しみは必要だと思っている。

体力的にも、精神的にも追い詰められがちの、介護、闘病生活が続くと、どうしても自分が健全でいられず、不安、イライラ、落ち込み、不機嫌、陰鬱になりがちだ。そんなときに、「この子がいてできること」と「この子がいなくてできること」そして「死生観」などを考え、この子を送ったあとにできる自分の生活の楽しみを考え、リストアップするのも、闘病やペットロスを乗りきる術だと思う。

第5段階「骨は早めに自然に還す」

亡くなったうちの子の身体、骨をどうしよう……。

自然豊かな場所に暮らしている方ならば、この子が一番好きだった場所に埋めてあげるのが一番自然なのだが、都会に暮らす人はこの問題に直面することになる。

まず始めに、「良くない」と言われているのは、遺体や骨を公園やお散歩コースなど公共の場に埋めること。これは「軽犯罪法違反」になってしまう。

そして、家の敷地内に埋めることも「良くない」と言われることのひとつである。これは、考え方のひとつであるが、私自身も家の敷地内に埋葬するのは勧めていない。埋める場所もないし、大好きな家で眠らせてあげたい、という気持ちは尤《もっと》もだが、まずは「衛生的な問題」がひとつ。

生き物の身体は、亡くなったときから腐敗によりさまざまな細菌、微生物が発生する。その小さき者たちが亡くなった肉体を分解していくのだが、このときに有毒なガスや細菌が発生することもあり、衛生的に危険が伴うことがある。

広い庭で、かなり深く埋められる場合はまだ良いが、そうでないと埋めてからその場所が陥没したり、腐敗した匂いや虫が発生したり、大雨で土が流され、遺体が露出してしまい、腐敗した遺体を再度処理することになったという痛々しいケースもある。それと、生き物の死体を敷地内に埋めると「場所の気」が淀む、と言われている。

昔から生者と死者の「場」「空間」を分ける、という風習が続いていることには意味がある、と私は思う。それに伴い、骨を骨壺に収めたまま自宅に保管しておくのも、私はお勧めしていない。

これも「生き物の死体が敷地内にあると〈場所の気〉が淀む」ということと、「生者と死者の〈場〉〈空間〉を分ける」ということの他に、やはり「早く自然に（土に）還してあげてほしい」と思う。

そして、家にお骨《こつ》があると、亡くなったペットに執着しがちになる、という理由もある。

じゃあ、どこに埋めるの？　という問題。

これはなかなか難しいのだ。

私はしゃもんの骨は全て食べてしまおうと思っていたが、実際、火葬後の骨はジャリジャリして砂のようで、まったく飲み込める代物ではなかった。結局、毎週のように通った友人の山に埋めた。ただ、犬はいいのだが、うちから出ないで生活している猫が困る。うちの場合は今いる猫

「はんにゃ」が死んだら、父が眠る霊園の墓に一緒に入れようと思っている。

本当はどこかに埋めてあげたいのだが、行ったことのない場所はいやだろうし、（猫だから）かといって近所に埋められる場所がないので仕方がない。最近はそんな自由な霊園も多いし、お寺さんも「一緒に入れていいよ」というところもあるので、相談してみるといいと思う。

私は個人的には、ペットだけの大げさな葬儀、お墓は必要ない、と思っている。別に葬儀をしたから、高い墓を建てたから成仏できる訳ではない。ペットを天に送るのは、飼い主の「思い」だけで十分である。執着を手放して、早めに土に還してあげてほしいと思う。

第6段階「時間の助けを借りる」

どんな悲しみも苦しみも、和らげる手伝いをしてくれるのがやはり「時間」。

愛しい子を亡くしてしばらくは、なんにつけその子の名前とともに涙が止まらない状態が続くだろう。これは当然の過程であるのだから、無理に感情をせき止めようとしないで、思い切り激情を解放したほうがいいのは前述した通りだ。しかし、苦しみがまだ生々しいときは信じられないだろうが、やはり「時間」が、愛する存在を失った私たちの苦しみを少しずつ、少しずつ和らげてくれる。

あの子が亡くなり、1週間、2週間、1ヶ月、2ヶ月、3ヶ月……2～3ヶ月も過ぎた頃、たいていの人は、あの子のことを思い泣く時間が減ってきていることに気づく。少しずつ、疲れた心も回復し始め、壊れた体も再起の準備を始める。

「こんなこと、やってみようかな」とやりたいことをひとつ、またひとつ始められるようになる。身体や心は、元気になると自然と活動したくなるものだ。あせってはいけない。十数年も寄り添った存在をなくし、苦しむその子の看護をし、見送ったのだ。少しずつ、ひとつずつ、再生していこう。

時間が助けになってくれる。あせらない。どうせ、忘れることなんてできない。

何年しても、思い出したら涙は出るのだから。

第7段階「周りを見渡してみる」

悲しみの激情も少し落ち着き、身体も元気を取り戻しつつあり、うちの子の思い出話もたくさん語り、何かやりたいことを始めようか。こんな段階まできたら、ぜひ一度、自分の周囲、環境を見渡してみてほしい。

自分が愛する子と幸せな日々を過ごせたのも、パートナーや家族の協力があったから、このことを改めて思い出してほしい。そして、ペットを通してできた友人、ペットも同伴させてくれたカフェ、いつも遊んだ公園を掃除している人、お世話になった獣医さん、うちの子を通して出会ったさまざまな人や場所に改めて感謝の気持ちを思い出してほしい。

ペットを亡くした人、長い介護をした人、ペットが苦しむ姿を見続けた人は、どうしても「自分だけが、大変。自分だけが苦しい」という思いにとらわれやすい。

自分だけが一生懸命で、うちの子に対する気持ちや行動がパートナーや家族には足りない、と自分の目線だけで思い込みやすい。

ペットと暮らす資金、ペットを預かってもらった時間、ペットのためにやってくれたさまざまなこと。うちの子が幸せな一生を送れたのは、決して一人の力ではない。周りの人のたくさんの協力があってこそ、ペットとの幸せな暮らしがあったのである。

ペットを送った今、考えてみよう。自分はパートナー、家族、周りの人にちゃんと感謝の礼を伝えたのだろうか？　そして、今まではペットにつきっきりだった時間を、少しパートナーや家族に還元してほしい。

家族の仲がいいこと。

あなたが笑っていること。

あなたの愛しい子は、こんな時間が一番幸せだったのだから。

第８段階「次の子を飼う前に考えておくこととボランティアの勧め」

ペットロス感情を癒すウルトラ技は、やはり新しい子犬、子猫を迎えることだ、と思う。たまたま、縁あって迎えるなら、それも（神仏に）仕組まれたことだろうが、そうでなければ次の子を迎えるまでの時間にワンクッションがあったほうがいいと私は思う。次の子を飼いたいと思っているなら、なおのこと**「ペットがいなくてできること」**をやっておくことも大切な経験だ。

まずは、第７段階までで述べたように、自分の体を癒したり、旅行をしたり、資格をとる勉強をしたり、家族のために何かやってみたりと、自分のための時間を大切にする。

そして、少し時間ができた人へのぜひとものお勧めは、ボランティアの経験だ。

うちの子の生前には、もっとこんなことも、あんなこともしてあげたかった。足りないところはいっぱいあったのかもしれないが、精一杯の愛情を受けてあなたのうちに来た子は幸せな一生を送ったのだと思う。家の中にいろいろな工夫をした。いろんなところに出かけた。ペットを通してたくさんのお友達もできた。試行錯誤しながら、身体にいいご飯を考えた。たくさん遊ばせ、ていねいに世話をした。留守番させるときは、いつも心配だった。愛情いっぱいに抱きしめた。

こんなことは、あなたがやってきたことのほんの一部である。

しかし、世の中には悲惨で不幸な犬や猫がたくさんいる。あなたが自分のペットにやったことを何ひとつ与えられることもなく、食事も満足に与えられず、ときには殴られ、蹴られ、身動きのとれない環境で、猛烈な暑さ、寒さ、飢えに、もがき苦しみながら死んでいく子がたくさんいるのだ。

犬猫のボランティアをしている保護団体には、いろいろな形で参加できるボランティアがある。

・保護施設での清掃
・犬の散歩
・里親が決まるまでの一時預かり
・里親会やイベントの手伝い
・移動の運転手

などなど求められている仕事はたくさんある。

あくまでも無償なので、まずは自分ができる範囲でやってみることをお勧めする。初めての人は「ボランティアは初めてで」と先方に伝え、どんなことならできそうか、相談することだ。しかし、保護施設の人は日々やることが山ほどあるので、長々と時間をとり、話ができない状況なのも考慮したい。ただ、犬猫のボランティアをしている団体の多くはかなり個性が強い。

自分に合うところを根気良く探す、と同時に自分自身もある程度の妥協が必要となることは覚えておこう。

その他、自分だけでできるボランティアもいろいろある。

私はハスキーのしゃもんの生前、縁あった十何頭の捨てられた犬猫を育て、里親探しをした。それは単純に「う、出会っちゃった。ひぇぇ〜」というのもあるけれど、「私がこの子たちを助けたら、山でしゃもんに何かあったときに、必ず誰かがしゃもんを助けてくれる」という確信めいた気持ちがあったからでもある。

「風が吹けば桶屋が儲かる」原理と私は呼んでいる。

誰かを助けたら、自分が助けられる。人は与えた分しか、自分に与えられない。やったように返ってくる、のは真実である。

人生はそういう縁でつながっていく。山を何時間も走り、川を泳ぎ、谷を渡り、ときには血だらけになりながらも、しゃもんはいつも嬉々とした顔で私のもとに帰ってきた。必要な訓練は全てしていたが、それでもハスキーのしゃもんを山で遊ばせるのは、至福のひと時であると同時に最大の生き別れの恐怖でもあった。

しかし、しゃもんは最後、年をとって私の手の中で死んだ。自然の中を疾走し続けたハスキーが、飼い主のもとで死ねるのは奇跡的である。それは、今まで不器用ながらも一生懸命助けた捨てられた犬や猫たちが、今度は私としゃもんを助けてくれた、と思っている。

本当に、**「人生の縁は、自分がやったように返ってくる」**のだなぁ、と思った。

もしかしたら、あなたはボランティアで行った、その保護施設で運命の子に出会うかもしれない。勇気を出して「次のうちの子」を見に、家族で保健所に行くのかもしれない。

捨てられたその子をあなたが助けたら、その子は一生涯あなたに幸せを与えてくれるだろう。

それは亡くなったうちの子が、泣いているあなたに送ったご縁なのだと思う。

ペットロスその2
亡きペットが教える悲しみから再生する方法

私はしゃもんを失ったとき、「死は別れではない」「私が天寿を全うしたときにまた会える」「私としゃもんはお互い、出会いの意味を成就させた」こんなことを思っていたので、慟哭のペットロスという状態にはならなかった。

まぁ、そこに至るまでの苦しみや恐怖が、尋常じゃなかったけど……。

とはいえ、泣かないわけではない。

悲しい、苦しいという感情ではなく、「寂しい」という感情と、「もっとこうしたらよかった。ああしてあげればよかった」という「罪悪感」は、かき消そうと思ってもどうしても湧き上がってきていた。

しゃもんを思うと突然、こみ上げてくる「寂しさ」と「罪悪感」。毎日6時間の散歩をはじめ、毎週のように山や川、高原に行き、思い切り走らせ、山奥でキャンプをし、手作り食を与え、一緒に眠り、健康管理と温度管理に神経をとがらせ、自分の体そっちのけで、ライターの仕事をしているか、しゃもんと外にいるかの毎日。

こんな12年半を送ったにも関わらず、「もっとこんなことも、あんなこともしてあげられたのではないか」「もっと、もっと」。

このように思い、挙句の果ては「うちに来て幸せだったのかな」「しゃもん、ごめん。もっといい暮らしをさせてあげられなくて、しゃもん、ごめん」と泣くのである。

今思うとバカである。なんというバカであろうか。

お前は神かスーパーマンにでもなるつもりなのか？　それとも、目指すは一日を30時間にできる不死身のエスパーかぁ……と、過去の自分に突っ込みたくなる。

このように「罪悪感」に囚われると、本当にバカになる。

「もっとできることがあったのではないか」という罪悪感は、「私がいたらない。私が力不足であった。私が悪い」という自己否定感に肥大していく。まるで、悲劇のヒロインである。恐ろしいことに、**この「悲劇のヒロイン」という人生ドラマは「酔う」のである。**

「ネガティブの魅力」というか、この「私がもっと」という悲劇は妄想に妄想を重ねて、泣きながら酔いながら大きく育つ。ある日、また私が「罪悪感の妄想」にとり憑かれていたときのこと。

「ああ、ごめんね、しゃもん。二度目の手術はしなければ良かったね。もっとこうすれば、ああすればよかったね。ごめん。ごめんね。苦しかったね。ごめんね」と泣いていると、突然、

「ありがとう。10回！」

と、言われた。

「あ、しゃもん……？」

確かにしゃもんの存在なのだが、なんか小説や漫画に出てくるような感動的な感じじゃない。

「ぼくと出会って、○○でありがとう。を10回！」

もしかして、少しイラッとしてんの？　しゃもんくん。お母さんは、泣いてるのに……、とこのときは思った。

お母さんは、泣いてるのにぃ～？

だからだよ‼

あんたが悲劇に酔って、いつまでもグチグチめそめそしてるから、しゃもんがイライラしてんだろうがっ！

またもや過去の自分に突っ込んでみる。

この「○○でありがとう。10回」は心理学の技法である。我が愛犬は私の知識を利用して、こんなことを伝えられるのか。はたまた、私が作り出した妄想か？　ま、そんなのどっちでもいい

や。

何度も繰り返すが、人生に起きたことは、自分の解釈次第だから、「しゃもんだ！」と思っていたほうが嬉しい♪　別に誰にも迷惑をかけることもないし。

「ありがとう。10回、早く！」

また言われた。

「え〜と。え〜と。出会ってくれてありがとう」

「滅私の愛を教えてくれて、ありがとう」

「無償の愛を教えてくれて、ありがとう」

「忍耐強くあることを教えてくれて、ありがとう」

「え〜と、全てが感動につながることを教えてくれて、ありがとう」

「え〜っと、え〜っと、自分で何でもできる自立心をありがとう」

まだ、6個……。

えーっと。

考えていると、

「ぼくに言うことは？」と言われた。

「ありがとう。ありがとう。しゃもん。いろいろなものをもらったねぇ。ありがとう、しゃもん。

大好き、大好きだよ。私のところに来てくれてありがとうね」

そんな気持ちでいっぱいになった。気がつくと私はもう泣いていなかった。

罪悪感の涙は、感動の涙に変わっていたのだ。

「ぼくを思うときは、ごめんなさいじゃなくて、ありがとうって言って」

しゃもんが伝えてくる。

「うん、うん。そうだね。ありがとう。ありがとう、しゃもん」

「ぼくを思い出すときには、泣かないで笑って」

「うん、うん。そうだね。そうだね、しゃもん。しゃもんと生きた12年半は至福の時間だったよ。黄金の時間だったよ」

（一緒に過ごした時間を否定しないでほしい。一緒に生きた時間を悲しいものにしないでほしい）

しゃもんのそんな思いが、私の中に流れ込んできた。

それから何年もの間、やはり時折「罪悪感バカ」になることがあった。そんなとき、しゃもんは「またかよ、イラッ」とした感覚で、

「ありがとう。10回」

を言いに来た。たいていが、私が答え終わらないうちに、どっかいっちゃうけど。このへんの迅速さクールさは、生前となんら変わらないので、思わず笑ってしまう。

今思うと、自分（しゃもん）を思い出しながら、泣かれたり、罪悪感や寂しさという感情を強く持たれると、彼岸（天）にいるしゃもんの周囲もどんよりとした、その感情でおおわれるのだろう。彼も苦しくなるのだ。

私が明るく笑って、しゃもんとの幸せな日々を語るとき、しゃもんもまたその明るいエネルギーを受け取るのだ。

愛するものの絆は、死を持って強化される。

その証拠に（なるのか？）私がどこで「罪悪感バカ」になっていても、しゃもんは「ありがとう。10回」を言いにくる（かなりイラッとしているが）。

しゃもんに、肉体があるときにはできない芸当である。耳を塞がなければ、目を閉じなければ、感覚を信じれば、誰にでも感じられる。あなたも楽しみにできたらいい、と願う。

肉体という枠がなくなり、思念は自由に放射される。愛するものの絆は、死を持って強化される――ということを私は実感している。毎度のことだが、その強化を良きものとするか、悪きものにするかは、あなた次第である。

愛情と感動に包まれ直感により、ますます強い絆にしていくか、「無用な罪悪感」「悲劇に酔うこと」に引きずられ、うちの子の尻尾をつかみ、現世に引き戻し、成仏させない、という悪しき絆を絡めるのか。

どんな絆にするか、全てはあなた次第なのである。

どうか、罪悪感に飲み込まれそうになったとき、悲しくて、寂しくて、苦しくて仕方がないときに、この「〇〇であありがとう。10回」をぜひ、試してほしい。

思い出をひとつひとつ引き出しながら、うちの子との幸せな日々を改めて見つめてほしい。実際に「〇〇でありがとう。10回」を実践してみてほしい。

時間と共に、「ありがとうの内容」は変わっていく。

それは死してなお、ペットと飼い主の絆や関係性は育ち続け、強化されているからである。

愛するうちの子には「ごめんなさい」ではなく「ありがとうのエネルギー」を送ってほしい。

負の感情に負けて、死してなお、自分とうちの子を苦しめてはいけない。

宝物を亡くした人（ペットロス）と寄り添う方法

前項まではペットを亡くした人が自ら再生するルートを考えた。

今度は反対にペットロスになった人との接し方の方法である。

大切な宝物であったペットを亡くしたとき、また亡くそうとしているとき、苦しまない人を私は知らない。

嘆き悲しみ、慟哭し、放心し、号泣し、自問自答し、家族に当たり。

そんな自分と苦闘する。

涙で曇った目に、なかなか周りの状況が正確に映らない。

とにかく哀しく、寂しく、苦しい。

自分のなかで、折り合いがつかない。

死なない命はない。

終わらない生はない。

死があるから、誕生がある。

うちの子は、幸せだった。

そんなことは、わかっている。

わかっているが、受け入れられないのである。


友人たちは一生懸命、慰めてくれる。

「モモちゃんは、あなたに〜のために、来てくれたのよ」

「グレースは、あなたに感謝しているわよ。絶対幸せだったと思うわ」

「うん、うん。そうね」

そう返事はするが、気持ちは晴れない。なぜなら、その励ましの言葉は、あくまで友人の言葉であり、亡くなったうちの子の言葉ではないからだ。

人は、落ち込んでいる人、悲しんでいる人をつい、慰めよう、元気づけよう、とするが、「言葉による励まし」は逆効果になることも多い。なぜなら、その励ましの言葉はあくまで、「励ます側の言葉」であるのだが、その励ます側の言葉を「亡くなったペットの代弁」のように表現したり、「悲しんでいる人への押し付け」の言葉になってしまったりするからだ。

ペットロス状態の人が「実は、友人がかけてくれた言葉にすごく傷ついて」という事態に少なからずなるのは、こういう理由が多いように思う。なので、大切なものを亡くし、泣いている、傷ついている人には、「言葉による励ましをしない」ほうが無難である。

変に「何か言わなきゃ」とするよりも、「何も言葉がないけど、お線香をあげさせて」とか「ツライよねぇ」と感情に寄り添い、共に泣くだけでいいのだ。

「人の話を聴く」（聞くではない）ことを「傾聴《けいちょう》」というが、これがほんとうに、難しい。日常生活もそうなのだが、ペットロスの人の話を聴くときは特にこの「傾聴」という概念が大切なので、ポイントをしぼってご紹介したい。

ポイントは3つ。

「感情に共感する（寄り添う）」

「相手を否定しない」

「アドバイスをしない（励まさない）」

まずは、「感情に共感する（寄り添う）」

感情に共感する、とは。

相手が「**苦しい**」といえば、「うんうん、**苦しい**よね」「あなたの**苦しさ**が伝わってきて、私も**苦しい**」と、「相手の感情に共感」する。

相手が「悲しい、悲しい、何もできない」と言えば、「うん、**悲しいよ**。宝物を亡くしたんだから**悲しいよ**」「私もラッキーを亡くして、**悲しいよ**。苦しいよ」と、相手の感情を繰り返し「受け止める」。

ようは、相手が「苦しい」と言えば、自分も「苦しい」と繰り返し、「悲しい」と言えば、「悲しい」と繰り返す。

そうすると、聴いてもらっている側は「この人は自分の気持ちをわかってくれている」と思い安心しやすい。

これはカウンセリングの基本「ミラーリング（繰り返し）」と呼ばれるもので、「相手の感情を繰り返す」これだけのことだが、これが案外難しい。

相手が「苦しい。何もしてあげられなかった」と言えば、「うん、苦しいよね」と感情に寄り添う。

ここで「うん、何もしてあげられなかったよね」と繰り返してはいけない。

「何もしてあげられない」というのは、相手の考えであって、感情ではないからだ。

感情とは、苦しい、悲しい、寂しい、せつない、嬉しい、楽しいなどである。

相手が「悲しい」と言えば、「うんうん、ほんとに悲しいよね」と**感情語を繰り返す**。

このときに多いのが、**聴いている側が自分でしゃべり出してしまうこと**。

「確かに悲しいけど、あなたは精一杯やったじゃない」など。

まずこの「悲しいけど」と「けど」をつけるとそれは「否定文」になってしまう。

相手の言葉に対して否定文になってしまうのだ。

なので**「けど」「でも」などの「逆説の接続詞」はつけないほうがいい。**

そして、自分が延々としゃべり始めてしまうことにも注意したい。

この逆転現象は「なんとか励まさなきゃ」という気持ちが強いと起こりがちだ。

そして、「傾聴」のポイント2つ目と3つ目「相手を否定しない」「アドバイスしない（励まさない）」

「苦しい。何もできなかった」という相手に対してやりがちなのが、「ううん、そんなことないよ、○○さんは、頑張ったじゃない。夜も寝ないで看病したし、ジョンは幸せだったよ」

一生懸命に相手を励ましているのだが、「ううん、そんなことないよ」という言葉は相手を否定してしまっている。

そして、本人は「何もできなかった」と言っているのに「○○さんは、頑張ったじゃない！」とさらに否定文を続けてしまう。

さらに、さらに「何もできなかった（申し訳ない）（力がなかった）」という相手に対して「ジョンは幸せだったよ！」と推測による励まし。

このような会話が続くと、「△△さんは、私の気持ちをわかってくれない」（否定され続ける会話になるから）ということになってしまう。

もちろん、お互いに深い信頼関係があり、一方的な言い方でも「こんなに思ってくれて、友達っていいな」というケースももちろんある。

自分の必死な思いが、相手を悲しみの底から引き上げる力技も、時にはある。

しかし、多くの場合、「相手を否定」「アドバイス（励まし）」は、今、悲しみでいっぱいいっぱいになっている相手を、さらに不快にさせ、さらに傷つけることになりがちだ。

励まさなくていいのである。

何もできなくていいのだ。

悲しんでいる人だって、あなたが自分をこの悲しみから救ってくれる、なんて期待していない。ただ、目の前の人に苦しみを吐き出したい。逝ってしまったあの子の話をしたい。ただ、泣きたい。

それだけである。

そんなときは、「悲しいね」「私も悲しい」と「相手の感情に寄り添って」、ただ一緒に泣くだけでいい。

泣けなければ一緒にいるだけでいい。

何か言いたかったら「一緒に泣くことしかできないで、ごめんね」「一緒に悲しむだけで、ごめんね」とあくまで、感情に寄り添う。

それだけで、相手は救われる。

一緒に悲しみを受け止めてくれる友人の存在は、亡くしたこの子の次に宝物になることを、この人は後日気づくだろう。

まだ悲しみが強く生々しい場合、励ましやアドバイスは、難しい。

プロのカウンセラーだからといって、できる訳でもない。

「ペットロス」の人にどう接したらいいですか？　と聞かれると、私は先ほどの3つのポイントを答えている。

「感情に共感する（寄り添う）」

「相手を否定しない」

「アドバイスをしない（励まさない）」

何とかしなきゃ、楽にしてあげなきゃ、と思いがちだが、**人は人を救うことはできない。人は自分でしか自分を救えない。**

他人ができるのは、人を支援すること、助けになることくらいである。傷ついた人と接するときは「何かしなきゃ」という思いを捨てることだ。

たいしたことはできない。相手だって救いなんて、求めてこない。このくらい謙虚な気持ちでないと、傷ついた人をさらに、傷つけることになる。まだ泣いている人に、アドバイスや説得はいらない。しばらくは、何も受け入れられない。

まずは、自分の器から「あふれるほどいっぱいになった悲しい」という感情を吐き出さないと、何も入らない。「気づきという再生」が入る余裕ができるくらい、悲しい感情を吐き出さないと何も入らないのである。

個人的には、一緒に泣くだけで十分な気がする。

では、「何も自分の考えを伝えなくていいのか？」だが、相手に「あなたはどう思う？」と聞かれたら、自分の考えを伝えていい。その際は、「私は〜と思う」と、あくまで「私の考えだけど」という姿勢で簡潔に伝えることが肝心。「待ってました」とばかりにしゃべりまくらない。相手は弱っているのだから。

ただ、悲しみのただ中にあって泣いて自分の感情を吐き出すことでいっぱいいっぱいになっている相手が「あなたはどう思う？」とあなたに意見を求めることは――滅多にない。

ペットを亡くした人の特効薬は「時間」であることが多い。少しずつ、少しずつ、時間をかけて、傷つき号泣した苦しみから立ち上がっていく。

ようやく立ち上がれるようになったころ、最愛のペットを亡くした人は、その人なりにさまざまなことを受け入れて、消化して、何かを達観していることが多い。

相手が落ち着き、冷静さを取り戻したら、そこは友人同士。もう、自分の意見、考えを言っていいと思う。

私がしゃもんを亡くして少したち、25年来の友人とランチをしたときのこと。

「しゃもんは生まれつき、膵臓《すいぞう》に奇形を持っていたから、子犬のときから死ぬまで下痢ばかりで、いつもお腹が痛くて、ほんとにかわいそうだった。私のところに来なきゃ、もっと早く死ねたのにね」と私が思わずこぼしたら、友人が激しい口調で話し始めた。

「そんなことないよ。違うよ！（思い切り否定文）さっちゃんは（私の本名）ものすごく、しゃもん君を愛していたし、いろんな愛された犬の中でも、しゃもん君は世界一幸せだったよ！（世界一って……、なんの根拠で？？）あんなにしゃもん君にしてあげられたのは、さっちゃんしかいないよ（どこに比較対象があるのだ？）しゃもん君は世界一幸せな犬だったよ（あんた、また世界一って、どっから……？）」

こうド迫力で言い切られたとき、「ああ、友達っていいなぁ」と、心から思った。

話を聞きながら、（あ、思い切り否定されてる。すごい根拠のない決め付け方）とか思いながら聞いていたけど（笑）。

このカウンセリング理論や傾聴、理屈を完全に無視した、「友人が私を思う気持ち」が一気に私を癒してくれた。この友人による引き上げ効果は抜群だった。

いろいろな付き合いを経た友人は、やはり相手の懐に入るタイミングも絶妙である。

ここまでペットロスの対応策に関し、いろいろと理論的なことを書いてきたが、ときには、この友人がやった力技もありである。

ただ危険だからお勧めはできないし、私は個人的には怖くてできない。

以上、述べてきたような「人同士の会話」のテクニックは、日常生活での家族、友人、学校関係の集まり、公共の場、どの場面でも有効なので、ぜひ知識としてご利用いただけたら光栄である。

相手のペットロス感情に巻き込まれないために

「大切な存在を亡くした人」の話を聞くのは、聞く側にとってもなかなか気が重たい時間である。話をする相手は涙ながらに話す。時には感情的になったり、まだ気持ちが混乱しているときなどは、不適切な言動や不愉快な言葉もあるかもしれない。怒りをぶつけられることも、それは違う、と言い返したくなることもあるだろう。

聞いている側はそれらの悲しい話、感情を受けることになる。

それに、あなたも亡くなったその子をよく知っている。ペットを亡くした人が、自分のペットの話をしたがるのは、たいていその子を通して友人になった犬友、猫友である。

ペットを亡くした話は、ペットと暮らしていない人にはわかってもらえない感覚、感情があるからだ。共通点を持つ友人だからこそ、話を聞いてほしい。自分の苦しさ、悲しみをわかってくれるから。

しかし話を聞く側は、自分もかわいがっていた友人のペットを失う、親しくしていた友人が泣いている、という状況に加え、いつか自分も同じように大切な存在（自分のペット）を失うという事実を見せ付けられる。それも、近い未来に。

このような状況で、ペットロス状態の友人の話を聞くと、自分までその感情に巻き込まれることがある。そのような共倒れの事態を防ぐためにも、相手のペットロス感情に巻き込まれない心構えが必要である。

❶自分ができる（受け止められる）範囲を知る

「ペットを愛する」という共通点があるからこそ、出会い、親しくなり、共に過ごし、天に見送る。

共通点があるからこそ分かり合えるのだが、同時にその共通点が相手の深い悲しみの感情に同調しすぎる場合がある。話を聞いていて共に涙を流す、苦しくなる。ここまでは、当然の流れであり、許容範囲でもある。

しかし、話を聞いた後、いつまでも気分が晴れない。切り替えができない。元気がなくなる。イライラする。自分も同じようにペットを失う不安に襲われる。このようなことが続くのであれば、続けてペットロスの人の話を聞くことを中断したほうがいい。相手の状況に巻き込まれ、自分を見失っているからだ。

このまま、「でも、友人はもっと辛いのだから」と話を聞き続けていると、許容範囲を越えた心の状態から不眠、不安定、不安症状から体調を壊したり、自分の家族に迷惑を及ぼしたり、それが進めばうつ状態になることもある。

自分で自分が受けられる範囲を知り、決して無理してはいけない。

これ以上できないと感じたらペットロスの友人には、相手の状況をみて用事を作るなど、うそを方便にするか、正直に「ごめんなさい。あまりにも悲しすぎて、私もあなたと同じペットロス状態になってしまって」などと伝えるのもありだと思う。

受け止められない状況になったら、少し相手と距離を置いたほうがいい。自分が回復したらまた話を聞くことができるのだから。あせらなくてもいい。大切なペットを亡くした人はどんなに時間がたっても、話したい思い出話はたくさんあるのだから。大切な友人だからこそ、長く付き合っていきたいからこそ、あせらず**「自分ができる範囲」を把握することは大切なこと**である。

無理をして話を聞き続けると自分に余裕がなくなり、泣きながら同じことを繰り返し言いがちな相手に対し、つい言葉がきつくなったり、イライラしたりしがちになる。このような状態は、双方にとって良い結果にならない。

❷自分が聴くことのできる時間を決める

「自分が受け止められる範囲、できる範囲」を知ると同時に、「相手の話を聴く時間」を決めておくことも大切なことである。

「おしゃべり」ならば何時間でも、あっという間に過ぎてしまうものだが、「話を聴く」時間というのは、（特にペットロスの話である）内容も重く、時間が長く感じるものだ。

職業カウンセラーの1回の面談時間は、通常45分～1時間くらいである。

これはいろいろな意味があるのだが、カウンセラー側が人の話を集中して聴ける時間が1時間という意味もある。

人の話を聴く、というのは集中力、忍耐力、抑制力、包容力のいる作業だからだ。

ペットロスの友人の話を聴くときには、「おしゃべり」と「傾聴」の区別を自分の中でつけると共に、自分が聴くことのできる時間を決めておくことが必要である。

1時間くらいが適正な時間だと思うが、ペットロスの相手は「おしゃべり」と「傾聴」を分けて考えているわけではないので、現実的にあまり短い時間の設定は難しい。だいたい2時間くらいを目安にするといいと思う。

そして、たいていは想定していた時間から20～30分くらいは、長くなると考えておく。

この場合、「1時間（または2時間）聞かせてね」と言うよりは、「話を集中して聞きたいから、何時までおじゃまさせて」「病院に薬を取りに行く何時まで、聞かせて」のような言い方のほうが嫌味がないと思う。

ここは相手と状況を見て「聞きたいけど、時間を区切る」というデリケートな言い方を工夫できるといいと思う。

❸自分と相手の境界を区別する

たまに「妙玄さんは人の悲惨な話やドロドロした相談事を聞いていて、自分が受けてしまったり、うつっぽくなったりしないんですか？」と聞かれることがある。

答えは「NO」である（時として例外はあるが…）。

もともとカウンセラーは、人の相談事に巻き込まれないような勉強、トレーニングをする。それができないと、仕事にならないどころか、カウンセリングの方向を間違えるから危険なのだ。

人の悲惨な話、相談事に巻き込まれないための土台は「その人の話は他人事」という考え方である。一見冷たい言い方だが、これができないと相手の感情に巻き込まれてしまう。どんな悲惨な話も相談も**「私の人生の問題ではなく、相手の人生に起こっていること」**と認識することが必要。

「私は相手の人生に起こっている出来事を聞いている」という、自分と相手との境界線を明確に持つことは、カウンセリング、傾聴の鉄則だ。

「自分と相手は違う人間だから、境界線があるのは当たり前」そう考えがちだが、これがなかなか難しい。聞いている相手の話があまりにも気の毒で、思わず泣いてしまう――。これは、人として自然なことであるから、こういう共感はありだと思う。

しかし、泣き続けたり、泣いている間に感情が高ぶり、自分の話を延々とし出してしまう、また相手にあーだこーだと話しを始めてしまう。こうなると、聴く側と話す側の逆転現象が起こる。これは意外に多くあることだ。

このように相手の感情に巻き込まれ、自分も感情的に高ぶってしまうと、感情のぶつかり合いになりヒートアップしがちだ。その結果、相手の話を聞くはずが、ますます傷つけてしまったり、お互いが険悪な関係になってしまうこともある。

「自分と相手に境界線を引く」これはかなり専門的なことで、たしかに難しいのだが、意識しているだけでも違うので、ぜひ覚えておいていただけると良いと思う。

❹親切、親身とおせっかいの違いを知る

これは私がカウンセリングを学んでいるときに、さんざん先生から言われたことである。

「塩田さんはおせっかい過ぎる」

がぁぁぁーん。

わ、私がおせっかい？

「相手のことに親身になって、一生懸命考えて良かれと思ってアドバイスしたりしているのに、なんでなんで？？」

「それがおせっかいなんだよ」

またもや、過去の自分に突っ込んでみる。

人の話を聞くときには、「おせっかい」と「親切、親身」の区別は重要だ。しかし、この区別ができている人はそう多くはない。私的に簡単に分けると、相手の要望を聞き、相手が望むことをするのが「親切、親身」。

相手の意思に関わらず、自分で推測し、かつ自分のやりたいことをやるのが「おせっかい」だと思う。

この「おせっかい文化」は江戸時代から引き継ぐ日本の文化でもある。

「おせっかい」は人の助けになることもあるが、「トラブル」になることも多いので、人と接するときは気をつけたい。相手がペットロスで弱っているときは、なおさらである。

特に「うちの子は手術したほうがいいかなぁ」「安楽死させたほうがいいのかな」「骨はどうしたらいいかな」など、**「物事の決定事項」の選択権は相手にある、**ことを忘れてはならない。

これを「○○なんだから、こうしたほうがいいよ」「絶対こうなんだから」「こうするのが当たり前じゃない」「そんなことしたら、ラッキーがかわいそう」などと、「人の人生の大事な部分の決定事項」に介入すると、後で深刻なトラブルになることがある。

「人生の選択」は、本人がすることであり、他人がとって代わってはいけない。

私が知る最悪ケースは、ある飼い主さんが自分の犬が苦しむ末期状態を見かねて、獣医師と話し合いの結果「安楽死」の選択をしようと思っていたところに、犬友達が連日来て「安楽死は殺処分と同じ」「まだ頑張ってるのに、あなたがあきらめちゃダメじゃない」「私も応援するから、最期まで看取ってあげようよ」などと言いに来られ、安楽死ができなくなった。

結局、この犬は大量の瀉血《しゃけつ》を繰り返し、ひどい痙攣と、口から泡を吹き、苦しみの咆哮《ほうこう》をあげながら長い時間苦しんで死んだ。

安楽死をさせてあげなかった後悔と、そのひどい光景が脳裏に焼きつき、繰り返しフラッシュバックが起こり、この飼い主さんは重度のうつ状態になってしまった。結局は「あの人がこう言ったから」と恨みが残る。

これは「おせっかい」の中でも最悪である。

このような深刻な選択の場面では、相手に「あなたはどう思う?」と聞かれたら「私は○○だと思うよ」と「あくまでも私個人の意見」として、冷静にしつこくなく意見を言う。

この「私」を主語にした言い方は、意見の押し付けになりにくいので、日常会話としてもご活用いただきたい。

❺自分のエネルギーをガードする方法

これは人のネガティブな話を聞くときや、苦手な人に会うとき、不特定多数の人に会うとき、などさまざまな状況で使える、人の「気」から自分をガードする方法だ。

この人に会うとなんだか気分が悪くなる。この人と一緒にいるとクタクタになる。嫌な話を聞いて、どっと疲れた。このような経験は誰にでもあると思う。

その状況にもよるが自分が感じた通り、相手の「気」にあてられて、自分のエネルギーが消耗している状態だ。とくにペットロスの人の話を聞くときには、出かける前に自分のガードをしていくといいと思う。

短い時間で簡単にできる方法をひとつ、ご紹介したい。

①まずは真っ直ぐに立ち両手を合わせ合掌する。
②目を閉じる。
③周りの環境に感謝の言葉を感情を込めて伝える。

例「いつも守ってくださりありがとうございます」
④鼻から大きく息を吸って、口から息を大きく吐く×３回。
（息を吸うときには、自分の好きな場所からきれいな空気が入ってくるイメージで。吐くときは、その空気が自分の体内の邪気を吐き出させてくれるイメージで）
⑤自分の頭上から足先まで、光の玉に包まれるイメージを感じる。
同時に「今日○○をするときに、私は相手の気を受けずガッチリと守られました。ありがとうございました」と過去形で声に出す。
⑥これから起こることがいいことであったことをイメージする。
⑦息を大きく吐いて、「ありがとうございました」
これでガードは完了。

難しく考えず、自分なりに楽しみながら気楽にできるといいと思う。

この方法は簡単だし、「イメージ」を感じる練習にうってつけなので、ぜひお勧めしたい。ペットの声も「音声で聞こえる」のではなく「イメージで感じる」からだ。慣れてくると不思議と「イメージ」なのに、形や重さ、色などを感じるようになる人もいる。

密教ではこのイメージを「観法《かんぼう》」といい、修法の柱となる重要なものである。

❻受けてしまった邪気を祓う方法

帰宅して、なんだか身体が重苦しい。感情に同調してしまって涙が止まらない。イライラする。異様に疲れた。

こんなときは、あまり深刻に考えずゆっくりとお風呂に入ることをお勧めしている。ひとつかみのあら塩を入れてもいいが、お気に入りの入浴剤やアロマオイルでいいと思う。ゆっくり時間をとってつかる。身体中の毛穴から邪気が出ていくイメージで。

そして、水分を補給して早寝する。単純に脳や身体が疲れると、身体は機能の回復をしようとして眠くなる。人の身体は寝ているときに、いろいろ修復されるのだ。

他には別の友人に会い、食事をしながら、今度は話を聞いてもらう方法がある。人に話をすることは、身体に溜まった邪気を呼気とともに吐き出すのにかなり有効だ。

私はそんなときは友人に「ごめん、少し愚痴を聞いてほしいからセルフガードをしてきてね」と伝えたりする。私も未熟なので、時として人の邪気を受けてしまうことがある。私の場合は般若湯《はんにゃとう》（まっ、酒ですな）で抜くことが多い。う〜ん、受けても受けなくて飲むけどね。

自分なりに工夫して、ペットロスの友人に寄り添ってください。

第6章
祈り

祈りの効用

私がボランティアで通っている保護施設での出来事。

ある日アイさんが、カメオという毛色の猫を保護して帰ってきた。

カメオという毛色は白と茶色がセピア色っぽくぼやけたような、ちょっと変わった色である。

「俺が歩いていたら、よろよろっと道の真ん中に出てきたんだ。ガリガリだし、抱いても抵抗しないし、もう長くないと思うけど、道で死ぬよりは、と思って連れてきた」

このアイさんはよくこんな場面に出くわす。

通常、弱った野良猫は人通りの多い場所に出てこない。それも、アイさんが通るのを待ち伏せするが如くである。

「なんで、俺を待ってたように出てきたんだろう」

猫には猫のネットワークというものがある。

「今晩は夜12時から、2丁目の空き地集合」

「議題はKYな新参者のミケ猫と1丁目タバコ屋角の餌場の治安について」

猫は時間に正確で、エサの時間も、集会の時間もきちんと守る。

もちろん、アイさんのことも知っている。

「カメオがもう危ないよ。どうしよう。あ、あの人、猫おじさんだよ。ほらほら、こっちに来る。今だ！　カメオ」

どん。

よろよろ～～。

こうして、アイさんはまんまと猫たちの策略にはまるのである。

恐ろしいことに、この猫ネットワークは、にゃこインターネットにのって、海外通信も可能らしい。アイさんは仕事の出張で海外に行っても、こういう猫に遭遇し、仕事先で獣医探しに翻弄されることになる、という。

ああ、なんて恐ろしい。

こうして、アイさんの保護施設の子はなかなか減らない。

アイさんにより保護されたこの猫は、すぐに病院に運ばれた。かなりの年寄りで、骸骨のようにガリガリにやせ細った体、ぼそぼその毛は短毛ながらところどころで毛玉になり、かつては白い毛だったであろう部分は、その過酷な人生を代弁するかのように暗く汚れている。

通常、生粋の野良猫の寿命は2～3年、長くて5年と言われている。そのほとんどが餓死と凍死。ケンカによる猫エイズの感染をはじめ、病気になっても自力で治せなければ死ぬだけだ。交通事故も多い。

そんな中、このボロぞうきんのような猫が年寄りなのが、不思議だった。

「こんなぼろぼろの猫、見たことない」私たちと獣医師の共通の見解。ひどい腎不全で、血液検査をしようにも、血がドロドロねばねばで、注射器でなかなか吸えない、と獣医師が言う。とにかく手の施しようがなく、生きているのが不思議なくらいだという。

どうやって、生きてきたのか？

どうしてこんなに年をとるまで、死ねなかったのか？

苦しませないように点滴などの処置は何もせず、このまま看取ろう、と決めた。

死に逝く体は、苦しんでいなければ、何もしないほうが楽に逝ける。

人間もそうだが、天命を終え役割を終えた肉体に点滴などを施し、無理やり生かそうとすると、もう点滴液の排泄もできない体は、無用な生に苦しむことになる。生き物は、自ら食べないならば、体が「もう食べても消化できないよ。もう生の終わりだよ」と知らせる。

眠りたい体には、睡眠が必要なように、
空腹のお腹には、食べ物が必要なように、
死に逝く体には、死が必要だ。

昔、読んだ本の一節である。病院で逝かせるのでなく、自分たちの手の中で逝かせよう。アイさんとそう決めて、猫を引き取り、施設に戻った。

保護した猫はその状況がわかるように、また多くの猫との区別がつくために、保護したときの状況の名前をつける慣わしになっていた。

五月に保護された「さつき」。

たんぽぽの横に捨てられていた「たんぽぽ」。

大晦日に保護された「みそか」。

ある日、施設のストーブにあたっていた子猫に「ストーブ」。

もうみんな逝ってしまったけれど。

よろよろと道路の真ん中に現れたこの猫は「ドーロ」と名づけた。まだ寒い冬の最中、ドーロにはふかふかのベッドと暖かいストーブ、栄養価の高い缶詰が用意された。

もうご飯を食べられなくなっていたけれど、ドーロはこの状況に身をまかせ、静かに横になりウトウトし始めた。

翌日も同じ状況。

せめて、一度でもご飯をお腹いっぱい食べられたら良かったのに。いつもいつも、お腹がすいていただろうに。ボロボロのやせた体をさすりながら、涙がこぼれる。

(どんな人生だったんだろうねぇ)

もう、死んでいくこの子にできることは何もない。せめて、このまま苦しまないで逝かせてあげたい。私は気を取り直して、この子のための祈りを始めた。

合掌し、手の中に神仏への感謝の気をこめる。

「いつも見守ってくださり、ありがとうございます」

「ドーロを確かにお預かりいたしました。どうか、安らかに天にお返しできるよう力をお貸しください」

気と思いをこめた手をドーロにそえ、語りかける。

「ここに来てくれてありがとう」

「ドーロのお世話ができて、嬉しいよ」

「今まで、よく一人で頑張ってきたね。怖かったね」

「偉かった。もう、頑張らなくていいんだよ」

「いい子、いい子、かわいい子」

ウトウトとしていたドーロがゆっくりと顔を上げ、目を細めて私を見た。

声にならなかったが、「にゃぁ〜」と口をあけ答える。

黄疸でまっ黄色の口で。

また、ゆっくりと首を横たえるドーロ。

「ドーロは大事な、大事な子」

「ドーロのことを大切に思ってる」

「私の思いがドーロを守るよ」

「愛してる」

精一杯の思いをこめて語りかけ、祈る。ドーロの体に天からの神仏の加護があるように、祈る。

ドーロの今までの人生が、光で守られることをイメージし、一心に祈る。

密教行者である私が、印《いん》を切る手と真言を唱える声が、涙で震える。

そのとき驚いたことに、ドーロが嬉しそうな、笑ったような顔になったのだ。祈っていてこんな動物の変化は、初めてのことだった。

「よ、よかったぁぁ」ほっとして、一気に脱力。スースーと寝息をたて始めたドーロは、まるでどこも悪いところがなく、ただ気持ち良く眠っているようだった。

ドーロから手を放し、改めて合掌し、「ありがとうございました」。神仏に感謝とお礼をのべる。

まだ、寒い冬の夜、ストーブの火を少し強くして帰宅した。

翌日、何も食べていないドーロは、それでもきちんとトイレで、少し排泄をしていた。

「ますます、やせたなぁ」

骨が浮き上がりゴツゴツした体をなでると、ドーロが目を細めた。しばらくすると、仕事を終え施設に戻ったアイさんがドーロをなでる。

「このまま逝けよ。苦しむな。ずっとついてるからな。もっと早く、見つけてあげられなくてごめんな」

アイさんの隣にいた私の中に、ふいにドーロの声が飛び込んできた。もじもじと言いにくそうに、

「……お父さんって呼んでいい？」

アイさんに聞いているのだ。

「！！⁉」

こんなにはっきりと動物の声を聞いたのは初めてだ。気のせいだろうか？

「お父さんって呼んでいい？」また聞こえた。

アイさんは、気づかず無言でドーロをなでている。

ドーロはゆっくりと私に目を向け「お父さんって、呼んでいいの？」

今度は私に語りかけた。

（三回目……気のせいじゃない……）

（もちろん、もちろんだよ。ドーロ。ドーロのお父さんだよ、お父さんがいるからね。もう、ひとりぼっちで、頑張らなくていいんだよ）

心の中で必死にドーロに語りかける。ホントは声に出したかったけれど、アイさんにこの状況を何て説明していいかわからなかったので、心の中でドーロに語りかけた。

ひとりで、誰も頼る人もなく、生きていくのは、なんと恐ろしいことだろう。

今、何か食べても、今度はいつ食べられるか、わからない。

冬は寒さに凍える。

家には入れない。

雨で濡れる。

アイさんに抱かれながら、目を細めてドーロが言う。

「お父さん、心配されるって、暖かいね」

「お父さん、大事にされるって、嬉しいね」

「お父さん、安心するって、気持ちいい……」

そ、空耳？

こんなにハッキリと聞こえるの？

それとも、感じるの？

それとも、気のせい？　お、思い込み？

頭の中がぐるぐるする。

真実かどうかは、私が決めればいい、と思った。とにかく、ドーロが幸せそうだから、なんでもいい。

「なんか、死にそうなのに、気持ちよさそうだな。このまま逝けるといいな」アイさんがつぶやく。

(アイさん、あのですね。う～んと。どう説明するんだ、私)

ドーロの言葉を伝えたいと思ったが、どう話していいかわからないし、自分の思い込みだったらアイさんに悪いと思い、話すのをやめた。

また、翌日。

相変わらずドーロは何も食べない。もう寝たきり、垂れ流し状態だ。でも、昏睡しているのか、苦しんでいない。

ただ、静かに息をして、眠っているように見えた。アイさんが施設に帰ると、ドーロが反応した。目をあけたわけではないが、なんとなく、ドーロの意識が覚醒したように、私には感じた。

アイさんがドーロをなでる。

「せっかく、見つけても何もできなかったなぁ。本当に何もできなかった。かわいそうになぁ。ご飯も食べられないなんて。道の真ん中で、死ぬよりはマシくらいだな。あまり頑張らないで、早くお父さんとお母さんのところに行け」

その途端、ドーロの意識が激変した。

周りの空気が、水に浮いた油のようにねじくれた。

「迷い、不安、絶望、失望」さまざまな落胆の感情が飛び込んできた。

「お父さんじゃないの？（やっと守ってくれる）お父さんを見つけたと思ったのに。（あなたはお父さんじゃないの？」

アイさんに向かって、ドーロの心が叫ぶ。

（あちゃー）

犬猫を保護するような優しい人は、その優しさゆえに、よくこんな間違いをおかす。傷ついた、または不幸な境遇の子は、保護してもらっただけで、助かったのだ。たとえ体が手遅れだとしても、魂は救われる。

体が治る治らないは問題ではなく、「自分という存在」を見つけてくれた。生まれて初めて人の手の暖かさを知った。初めて愛を知った。それだけで自分の存在価値を確認し、安心して死ねるのである。

マザーテレサが死ぬ間際の人を保護して、「愛してますよ。大切なあなた」と伝えるとその魂はほほ笑んで逝く、という。そういうことなのだろう。

一人で生きてきた孤独な魂は、やっとやっと自分を見つけてくれ保護してくれた人間を、私たちの言葉でいう「親」と認識するのではないかと思う。自分をなでてくれる優しい手、用意されたご飯、暖かで雨に濡れない部屋、全ての怖いものから守ってくれる存在。保護された彼らにとって、保護してくれた人は初めて「甘えられる親」と、初めて得た「安心な場所」、と認識するのだろう。それはそのまま「命をゆだねられる」存在である。

アイさんを「お父さん」と思い、初めて「**ここにいていいんだ。ここは、わたしの場所なんだ。だってわたしはお父さんの子だから**」こんなふうに思え、初めて安心する居場所を見つけたのに。

アイさんに「お父さんとお母さんのところへ行け」と言われ、ドーロは自分の居場所がわからなくなったのではないか？

「**お父さんのところへ行けって、どこに行けばいいの？　ここにいちゃいけないの？**」

この言葉は聞こえなかったが、パニック気味のこんな悲しい気持ちが流れこんできた。

納得してもらえるかわからなかったが、「アイさんはドーロのお父さんだよ」。ドーロに向かって一生懸命フォローし、帰宅した。

翌日、早めに施設にいくと、ドーロの姿が一変していた。

きのうまでの穏やかそうな昏睡でなく、意識はないのだがうつぶせになり、四肢を広げ、アジの開きのような不自然なかっこう。うつぶせの口は、苦しげにシーツをきつく噛みしめている。

「な、なんてこと……」

瞬間的に「きのうのショックだ！」と感じた。開いたまま硬く硬直している四肢をさすり続け、少しずつ自然な位置に戻す。きつく噛みしめたシーツは、なかなかはずせなかった。苦悶の表情も。

気を取り直して、私は祈り始めた。わかってもらえるかわからないが、一生懸命、事情を説明する。

そうじゃないんだ！　そうじゃないんだよ、ドーロ。

アイさんが言いたかったのは……、なんというか……

時として、心優しい人間が持つ不要な罪悪感。無力感。不幸な状況から保護された犬猫は、たとえ助からなくとも、それだけで魂が救われるのだが、保護した側は「たいしたこともしてあげられなくて」「何もできなかった」と、悔やみ涙する。

心優しい人間側のその悲しみや切なさ、無力感が、保護された犬猫たちが感じる「安心感」や

「自分がいていい場所」という喜びを打ち消してしまう。

犬猫というのは人間の言葉ではなく、感情を受け取るからだ。

ドーロもアイさんの言葉そのものではなく、アイさんの無力感や切なさを感じたのではないかと私は思う。ドーロにそんな大人の事情を説明しつつ、語り続ける。

来てくれて嬉しかったこと。ここはあなたのために、アイさんが用意した場所だということ。

アイさんはあなたのお父さんだということ。

体をさすりながら、語り続ける。

(まだ、体がこわばってるなぁ)

そこへ、仕事を終えたアイさんがやってきた。私は開口一番、「アイさん、ドーロにお父さんだよって言ってください!!」

アイさんは一瞬だけ「ん?」という表情をしたが、とくに不信がらずに、ドーロをさすりながら、「ドーロ、ただいま。お父さんだよ。あまり頑張るな」何度もつぶやく。

ふ~っとその場の空気が緩んだ。それと同時に、こわばっていたドーロの体も一気に緩んだ。

ああ、すごい。

私は目をつぶり一心に祈った。

(愛している。愛している)

（大切な子。大事な子）

（来てくれてありがとう）

「なんだか、嬉しそうだな」アイさんの言葉に、ドーロを見ると、きのうのように穏やかに、嬉しそうな顔をしていた。

私には、笑っているように見える。

「このまま、逝けるといいねぇ」

そんなことを言い合い、「おやすみ」と、ドーロに声をかけ、解散した。


翌朝、ドーロは死んでいた。

あのまま、きのうのあの笑っているような、嬉しそうな顔で死んでいたのだ。

こんなに穏やかな死を見るのは初めてのことだった。

「ああ、良かったねぇ、ドーロ。あっちの世界で、思いっきり食べて、飲んで、幸せになるんだよ」

「たくさん話しかけてくれて、どうもありがとう。こんなにはっきり、猫の言葉を聞かせてもらったのは初めてだし、こんなに祈りの効果を実感できたのは、初めてだ。ドーロが教えてくれたね。ありがとう」

そして、ご加護をくださった神仏にも感謝の祈りをささげる。ドーロは、たくさんの花と共に埋葬された。

ドーロのような苦しまない死を「自然な餓死による自然死」というのだそう。

人間もそうだが、末期の際は、まず自ら食べ物を食べなくなる。消化する必要がなくなり、栄養を体に運ぶ必要がなくなった内臓は、ゆるやかにその機能を停止していく。そのうちに水も飲まなくなると、今度は排泄機能が停止していく。栄養も水分も取らなくなった体は、急速に枯れ始め、しだいに夢うつつの昏睡状態に入る。そのますす〜っと最後の臓器、心臓が停止する。苦しまない穏やかな最期。点滴の管も、酸素吸入もない自然死。

昔は、こんな自然な末期の餓死による「自然死」がほとんどだったという。

医学の進歩は、死にゆく体さえ生かそうとするようになり、自宅にも帰れずに、苦しむ死が増えたとも言われる。痛みが伴わない場合、死にゆく体には「何もしない勇気」「何もせず看取る勇気」も必要ではないか、と私は思う。

毎回、毎回、保護した小さな命に、たくさんのことを教わる。

罪悪感の功罪（ある獣医師の壮絶な怪奇現象）

一緒に暮らしているペットを愛おしいと思うほど、彼らに対して罪悪感を持つ飼い主は多い。

あんな看病でよかったのだろうか？

この子にとって、手術したのは不要なことだったのではなかったか？

病院で一人で逝かせてしまった。あのとき、なんでうちに連れて帰れなかったんだろう。

あんなに長く闘病させて、苦しませて逝かせてしまった。安楽死をしたほうが良かったのでは？

もう治療法もなく、あまりに苦しむので安楽死をさせてしまったけれど、果たして良かったのだろうか？

もっとできることが、あったんじゃないだろうか？

愛する存在を手放すとき、どんなに心を尽くして、体を張って看病しても、「ああ、やれることは全てやった。悔いなく送れるわ」とは、なかなかならず、「もっとできることがあったのではないか?」……と罪悪感を持つことのほうが多いのではないかと思う。

それがたとえ、保護した犬猫や、ましてや死にかけた状態から看病し、送ったとしても、「たいしたことできなかった」「何もしてあげられなかった」と、どうしても心優しい人は、こんな罪悪感を持ってしまう。

前項のドーロのアイさん、第1章のりえちゃんのように、保護した犬猫を一生懸命看病し、送っても、だ。

かくいう私もアイさんの保護施設で、送った子につい言ってしまうことが多い。

「たいしたことできなくてねぇ。ごめんねぇ」と。

本来は、送ったうちの子に対しても、保護した子に対しても、「ごめんね」より、「ありがとう」の感情のほうが、お互いのためにいい。

反対の立場だったら、あなたが保護された立場だったら、どうだろう。

瀕死の自分を見ず知らずの人が保護してくれ、その人が「何もできなくて、ごめんね」と泣いていたら、いたたまれないのではないか? 自分を拾ったがために、命を救ってくれた人が泣いているなんて。自分と関わったがために、罪悪感を持つ人がいるなんて。

それよりも、「最後に送らせてくれて、ありがとう。あっちの世界で自由に飛びまわれるように祈るね」と笑顔で言われたほうが、嬉しいのではないだろうか?

自分を拾って、喜んでくれる人がいる。自分と関わって、ありがとうと言ってくれる人がいる。自分の存在を祈ってくれる人がいる。

そうは言っても、関わった相手が死ぬときに（または送ってから）罪悪感を持たずに、笑顔で感謝で送れる、っていうのは、もはや「悟りの世界」。

凡人の私たちは、やはり多かれ少なかれ送ったペットに対して、罪悪感を持ってしまう。それは愛情と優しさに裏付けされた、ある意味仕方のない、人間らしい感情ではあるのだろう。

しかし、その罪悪感が自分を過度に追い詰める「病的なもの」になると、話は別だ。


ライター時代に、獣医さんには「うつ」が多いという取材をしたことがある。

（まぁ、昨今、獣医さんに限らずだけど）

私がまだ十代の終わりで、トリマー（ペットの美容師）をしていた頃の話。

ある獣医師の壮絶な怪奇現象に巻き込まれた、恐怖の体験がある。

当時、私はある動物病院の一室を借り、トリミング（犬猫の美容）の仕事を一人でしていた。

この動物病院は、中年の院長が事務兼医療補助のスタッフと二人だけでやっていたが、院長の人柄、腕の評判が良く、来院する患畜も多かった。

院長は学生時代、武道をやっていただけあり、長身で、体重もそれに見合うだけの巨漢。一見、格闘家には見えるが、獣医には見えない。しかし、この巨漢の院長、ものすご〜く優しく、診察も丁寧なので、先生の人柄にひかれて病院を訪れる人も多かった。

さて、この病院の一室を借りる私のトリミングのお客さんは、ほとんどがこの病院に通う患畜さんである。トリミングルームをお借りして、一年くらいは仕事、人間関係と全てが順調だった。

それが、一年を過ぎたころから、少しずつ異変が始まった。

始めの異変は……。

朗らかで優しくいつもニコニコしていた、院長の口数が減り、表情から笑顔が消えたことだった。診察以外は、ぼーっとしていることが多くなり、だんだんと伏し目がちになり、落ち込んでいるふうであった。そしてしばらくすると、院長は診察以外、一番奥の部屋（休憩室）に、引きこもるようになってしまった。

たまに、コツコツコツコツ……と院長が、部屋を歩き回る音がするくらいで、他の物音は不思議なほど聞こえない。

（院長、どうしたんだろう？）

不審には思ったが、まだ日々の診察はなんとかこなしており、診察があるとのそのそと部屋から出てきていた。しかし、だんだんと診察をすっぽかすことが続き、見かねた院長の奥さんが、代診の先生を頼むようになった。

私は自分のトリミング業務は通常通りに続けていたが、奥さんから「主人は、今ちょっと体調が悪いから、ご迷惑をおかけしますが、ごめんなさいね」と言われた。

そうか、体調が悪いのか……早く元気になって、いつもの院長に戻ってほしいなぁ。このときはそんなふうに、たいした危機感もなく考えていた。

しかし、事態はそんな簡単なことではなかったのである。

ある日私が仕事を終え、掃除をしていると、めずらしく院長が部屋から出てきた。表情がなく、動作がひどくゆっくりだ。

「まだ、いたのか。早く帰りなさい」

静かな口調で院長が私に言った。ずいぶんと院長の笑顔を見ていない。私に話しかけながらも、視線は宙を泳いでいる。奇妙な感じ。

「あ、すみません。最後にお迎えにいらした方が、遅れてきたので。もう、片付けて帰ります」

そう答えると……、突然、

「僕には、３７５体の動物霊が憑いている」

さっきとは、うって変わった大きくハッキリとした口調で、院長が言った。

それも直立不動で。

「はぁ～？？？」

あまりにもぶっ飛んだ言葉に、面食らっていると、

「僕は、今までに375体の動物を殺してきたんだ」

院長が語り始めた。

「先生、助けてくださいって言われたのに、助けられなくて。死なせてしまった動物たち。やりたくなかったのに、安楽死させた犬猫」

「僕が今までに殺した動物の数が、375体。その動物たちが、僕を恨んでとり憑いているんだ」

（えええええ～っと。えええええ～っと……。私は、どうしたらいいのだろうか？）

いや、どうもこうもないだろう。こんな状況。

私が固まっていると、院長はさらに奇妙なことを言い出した。

「動物霊は色情霊なんだ。あなたは、代診の獣医と受付が帰るときに、一緒に帰りなさい。ここに一人で残っていると、僕は何をするかわからないよ。今ならまだ、自分を抑えられるから」

そういうと、院長はまた部屋にこもってしまった。

375体の動物霊。

とり憑いている。

色情霊。

何するか、わからない。

早く、帰れ。

この言葉がぐるぐるまわる。

なんなんだ？　院長はどうしちゃったの？

すぐに、院長の奥さんに連絡し事情を話した。

「そう、ごめんなさいね。うちの人、ノイローゼ気味なのよ。精神科で薬ももらって、療養中なの。でも、何かあるといけないから、塩田さんは診察時間が終わったら、代診の先生と一緒に帰ってね」

うつという病名がまだ一般的でなく、心療内科などがない時代。このような症状は、かなり奇異。いや、現代でも、この院長の症状はうつのレベルではなく重篤だ。

どうやら、この心優しい院長は、助けられなかった患畜や、嫌々安楽死させた動物たちへの罪悪感から、精神のバランスを崩したらしかった。

でも、ほんとに精神科の分野なのかなぁ？

それに、「早く帰れ」と言われても、代診の先生の診察時間は5時まで。私の仕事はトリミングが終わっても、飼い主さんのお迎えを待たないとならないので、5時に帰るのは無理だった。

なんか、不気味な状況だし、巨漢の院長に「色情霊」とか言われて、すごく怖いし、かと言って、早く帰れないし。どうしよう。

と思いつつ、解決策もないまま日々の業務をこなしていた。

院長は相変わらず、引きこもったままで。ときおり部屋の中から、コツコツコツコツ……院長の足音が聞こえるくらい。

ある日、私が出勤すると、病院内外、いたるところに長細い紙が貼ってある。

窓、壁、ドア、机……その他にも、床や天井、トイレまで、ところかまわず、ベッタベタに貼ってあるではないか！

な、な、な、なんじゃこりゃー!!

その長細い紙は、よく見ると何かの「御札」であった。

ひぃぃぃぃぃー!!

なんで、御札？

何事――――？

もちろん、私のトリミング室も、ほぼ一面が御札。

なんだかわからないが、これでは仕事ができない。というよりも――。

なに――――なになに？　何があったのー
怖いぃぃぃぃー

私が面食らっていると、バーン！　と勢い良く奥の部屋の扉が開き、院長が日本酒の一升瓶を片手に飛び出てきた。

（えっ、朝っぱらから飲んでるの⁉）

この頃の院長は良くなるどころか、ますます引きこもりが激しくなり、自宅にも帰らず一日中、病院の奥の部屋に引きこもっていた。もはや診察もできなくなって、代診の先生にまかせきりになっていた。

院長は私には目もくれず、病院の中に日本酒をまき始めた。

（は？　は？　は？　なに？　なに？　なに？……）

ぼーぜんと立ちすくむ私。院長はバシャバシャと病院内に日本酒をまき終えると、またすぐに部屋に戻ってしまった。日本酒はお祓いなのか？

奥さんと代診の先生と相談し、とりあえず業務に差し支える御札をはがし、（これがまた、いや～な感じなのだ）私たちは通常業務を続けた。

数日後、毛玉取りの大型犬のトリミングに時間がかかってしまい、（まずい、まずい、すっごくまずい！　やばい、やばい、やばい）と焦りつつ、私はひとり遅くまで残業をしていた。

ようやく、帰りじたくができたときはすでに、夜9時をまわっていた。

ガチャ……

奥の部屋からドアを開ける音がした。

「ひっ！」

心臓が凍りついた。

外に飛び出ようと思ったが、体が固まったまま動かない。

院長がささささーと、素早い動きで近づき、くるり……と、
私に向き直った。

「ぎゃあぁぁぁぁー‼」

私は、思わず漫画みたいに飛び上がり、悲鳴をあげた。

なんと！　院長の形相が凄まじく様変わりしていたのだ。

真っ赤に充血した目。

それも、きゅーっとキックつり上がっている。

顔も赤く紅潮し、巨漢の体はまるで赤鬼のようだ。

「きみね、まだいたのか！　僕には375体の動物霊が憑いているんだよ。動物霊は色情霊だし、
夜行性なんだよ。夜は何するかわからないんだよー‼」

院長が真っ赤に充血した目で、怒鳴り声を上げた瞬間、
ガッターン！

院長の後ろの壁にかかっていたカレンダーが、突然床に落ちた。

「うわぁー、うわぁー、うわぁー」

もう私はパニックである。悲鳴しか出てこない。

「ほらぁー」

ニヤリ……院長の口がゆがんだ。

院長はそのまま、奥の部屋に戻って行った。

私は、へたへたと床に座り込んだ。ガタガタガタガタ体が震える。

こ、こ、こ、怖かった……。

ほんとに、怖かった。

院長の様変わりした風貌も怖かったが、カレンダーが落ちたタイミングと、なによりも「それに驚かない」院長が怖かった。

ノイローゼじゃないじゃん。

なんだか、わからないけど、ただのノイローゼじゃない。

まだ、正気の院長とそうでない院長が、ひとつの体の中で、葛藤しているようだった。

そして翌日、奥さんから「院長は精神病院のベッドが空き次第、入院させること。動物病院は閉鎖するから、トリミングをやめてほしい」と告げられた。

もう、こうなったら、それも致し方ないだろう。せっかく順調にやっていたんだけど。

しかし、おりしも今は12月の後半。年末のトリミングは予約でいっぱいである。

奥さんは、今すぐにでもやめてほしいと言うし、私もそうしたかったが、お世話になったお客さんには、きれいになったペットとお正月を迎えてほしい。それに今からだと、他で年末のトリミング予約はとれないだろう。

何とか奥さんを説得して、年末いっぱいの予約の分までは、やらせてもらうことにした。

しかし、さすがに怖くて怖くて、お客さんにはできるだけお迎えを5時までにしてもらったり、代診の先生も私が終わるのを少し待っていてくださった。

その頃は院長が引きこもっている部屋の前に、奥さんが朝夕と食事を置いておくようになっていた。するといつのまにか、空の食器がドアの外に出されている。

日中は誰も、出し入れを目撃していない。部屋は無人の如く、物音ひとつしない。

「動物霊は、夜行性だから……」

院長の言葉を思い出し思わず、ぞぞぉ～っとする。

トリミングの予約は、12月31日まで。

あと2日。

しかし、この二日間の予約が、いっぱいいっぱいなのである。

朝からフル回転でやっても、なんせ一人なもんで、どうしても夜の時間帯に食い込んでしまう。代診の先生はとっくに帰り、奥さんも先生の食事をドアの外に置くと「用事があるから」と、そそくさと帰ってしまった。

8時半。

「終わった。早く片付けて出ないと」

もう千手観音の如く、片付けを始めると……

ガッターン！

院長の部屋で大きな衝撃音がした。

次の瞬間……

ココココッ、ココココッ、ココココッ、ココココッ……

部屋を歩き回る足音がする。

でも……何か変だ……？

いつものコツコツ、コツコツ、といった足音ではない。

ココココッ、ココココッ、ココココッ、ココココッ……

なんでこんな足音なんだろう？

ああっ!!　よつあし!!　四つ足で歩いてる音だ!!

うわぁーーーー‼

私は仕事の後片付けもせず、外に飛び出した。

だめだ、だめだ、もうだめだ。

あと2日だけど、一人じゃ危ない！　つーか、怖くてトリミングどころじゃない。

私は昔、やんちゃしていた後輩のH君に用心棒のバイトを頼んだ。

「あのさ、夕方の5時から仕事場に、いてくれるだけでいいから。2日間だけお願い‼」

「はぁ、いいっすよぉ～」

「あのさ、木刀持ってきて」

H君、いい奴なんだけど、昔シンナーやってたから、やせていてケンカが弱い。溶けて三角になった前歯が、不気味なんだけど、院長には通じんだろう。手を出す事態は絶対避けたいけど、木刀は少しは抑止力になると思った。

2日間、H君に来てもらって、12月31日夜の10時近く、ここでの私の仕事の全てが終わった。H君との話し声が聞こえたせいか、（なるべく大きな声で雑談してもらった）2日間、奥の部屋からは、物音ひとつしなかった。

翌日から病院は、奥さんにより閉鎖。

しばらくして代診の先生から、院長が精神病院に入院し、その後離婚したことを聞いた。

「院長は、本当に優しい熱血漢のいい獣医だったよ。でも、ここ一年、患畜が死ぬたびに、ひどく落ち込んでいたからなぁ。俺が殺した。俺が殺したって、よく言ってたよ。あれだけのベテランでも、罪悪感からノイローゼになることあるんだねえ。優しすぎたのかなぁ」

「……」

その後の院長の消息は不明である。

当時の私はまだ若かったからわからなかったけど、いろいろな勉強をした今思うと、はじめは「罪悪感からのうつ」だったのではないだろうか？

それが、「俺が殺した。殺した。殺した」繰り返される呪文。

深まる罪悪感。精神の落ち込み。弱る身体。院長は、最終的に、その弱った精神と身体を「何か」に取り込まれたのではないだろうか？

いや、正確には、自分でその「何か」を引き寄せたのだと思う。

人や自分を呪う言葉やネガティブなエネルギーは、浮遊している同類の魂を引き寄せる。

類は友を呼ぶ、同類相憐れむ、というが、同じ波長は引き寄せ合うもの。世間でいう「憑依現象」のほとんどは、自分が引き寄せるものである。

けれどこの院長の場合、とり憑いていたのは、彼が死なせた動物たちではない。

心を尽くし治療してくれた存在を動物たちは恨まない。

院長が自ら作り上げ肥大化させた「罪悪感」が、他の「極悪のもの」に利用されたのではなかったか？　と私は思う。

「罪悪感」は、神仏がくだすものでもなければ、相手（この場合の相手は死なせてしまった動物たち）が植えつけるものでもない。「罪悪感」は自ら、作り上げるものである。

このように行き過ぎた「罪悪感」「自己否定感」は、この院長のケースのように、重篤なうつや統合失調症などの病気を、実際にもたらすことがある。その他にもさまざまな身体の病気の要因になることもある。

「自分が悪い」「自分が殺した」「ダメな人間だ」「俺なんかいないほうがいい」「死にたい」

身体の細胞は、あなたのこんな声を聞く。あなたの身体は、あなたが強く思うその「自己否定感」を身体に反映させようとするだけだ。

「自分が悪い」「自分が殺した」「ダメな人間だ」「俺なんかいないほうがいい」「死にたい」

じゃあ、病気になりましょう。「いらない」んでしょ？　その身体。その命。

あなたが持つ60兆個の細胞は、あなたの指令に忠実である。そして「見えない何か」は、いつも探している。

「いらない身体はないか」

「操れる命はないか」

人は、自分にできることを精一杯やればいい。それ以上のことを、神仏は望まない。

できるだけやったら、手放してみる。

後は、あなたの仕事ではない。

あなたが心を尽くしやったら、そこからは天の仕事である。

手放して、天にゆだねてみる。間違っても、「罪悪感」なんて持たない。自分にできることをやったら「罪悪感」は不要の長物である。

動物の介護、一緒に苦しんだ闘病生活、あなたが心を尽くしたあとの天の采配が、悪い結果になった例を私は一件も知らない。悪くなったとしたら、そこに「不要な罪悪感」があったのではないか、振り返ってみてほしい。

この院長のように、天に送った犬猫が「自分を恨んで、とり憑いている」などと思い込み、別のものを引き寄せ、病気になり、人生を破綻させたりしてはいけない。

自分が送った子を悪者にしてはいけない。

心を尽くしてくれた相手を、動物は決して恨まない。

死に逝く子のために、あなたができるヒーリング法

まだ頑張って生きていてくれるけれど、もうどうしようもない。

すぐそこに、命の終わりが近づいている。

苦しくて苦しくて苦しくて仕方がないのだけど、その現実を受け入れざるを得ないことも知っている。

もう私にできることはなにもない。

愛する子のいまわの際に、そんな思いを抱く方も多いと思う。

不安、絶望、焦燥感、無力感、敗北感。

死に逝こうとしている子は、飼い主のそんな強烈にネガティブな思いを受けて、ますます苦しむことがある。

繰り返すが、**ペットは飼い主の事情でなく、感情を感知するからだ。**あなたも苦しい、いまわ

の際にいる子はさらに苦しい。

天に送る子のために、そんなネガティブな苦しみではなく、もっと何かこの子のためになることはできないのだろうか？　死に逝く子のために、医学の終点以上に、私たち飼い主にできることは本当に何もないのだろうか？

そんなことはない。

天に送る子のために、死に逝く子のために、その子を愛した人にしかできない「祈り＝ヒーリング」法がある。

ここでは、誰にでもできる方法をひとつご紹介したい。

まず、「祈り」の前に「祈りとはなんぞや」ということを考えてみたい。

回りくどいと思われるかも知れないが、**「祈りとはその人の思い」**であるので、「祈りとはなんぞや？」を考えておくことは大切なことだと思っている。

その人が祈りにどんな思いを込めるのか、が重要だからだ。

「祈り」というと、

- 神さま、この病気を治してください。

・どうか受験に合格しますように。
・あの人が私を好きになってくれますように。
・この仕事がうまくいきますように。
・どうぞ守ってください。

こんな祈り方が多いのではないだろうか?

神仏は私たちの願いをきく便利な存在ではない。
神仏とは「お願い」をする存在ではなく、「感謝をあらわす存在」である。

何百という魂の中でこの子と出会えた喜び、共に過ごした幸せな時間。こんなにも「誰かを愛せる」ということを教えてもらった。「誰かを愛する」ということはこんなにも幸せで、こんなにも絶大なパワーを生み出すものなのか、そんなことを教わった。

さらに、誰かに「愛される」「求められる」ということは、こんなにも幸せなことなのか。あなたはその子とそんな至福の時間を十分に味わった。そんな愛するその子は、そもそもどこからやってきたのか?

天からやってきたのではないか?

その子と出会う前までなら、「天からやってきた」そんなきれいごとの言葉はしゃらくさかったかもしれない。でも、長い長い時間その子と過ごしたあなたなら、こう感じるのではないだろうか？

「この子は、神さまが我が家に送ってくださった」

神さまが天から送ってくださったその子が、今まさに天に帰ろうとしている。そんなとき、あなたは何を願うだろうか？

どうか助けてください、だろうか？

もっと長生きさせてください、だろうか？

いや、その前に「神さま！　ああ、神さま。どうか、どうか、この子が苦しまないで召されますように」

そんな言葉ではないだろうか？　こんな言葉が自然な感謝の気持ちと共に、口から出るのではないだろうか？　それを「魂の叫び」という。

心の奥深くから出る叫びは、死に逝く子を目の前にして、「この子を助けてください」という死の淵から引きずり戻すような、無理を承知の自分の願望ではなく、湧き上がるような「感謝」の気持ちではないかと私は思う。

祈りとは、お願いではない。

祈りとは、魂の叫びである。

心の奥底から湧き上がってくる感謝の気持ちである。

心の奥深くからの、魂の叫びであるからこそ、祈りは神仏に届く。

まずは、そのことを心に留めてみてほしい。

まだ頑張って生きていてくれるけれど、もうどうしようもない。天に送る子のために、死に逝く子のために、私たちができること。

祈ること。

祈るためには、
・役目を終えようとしている身体を、無理に生かそうとしない。
・お願い事にしない。
では、私たちは、天に送る子のために、死に逝く子のために、何を祈るのか？　その子は死に逝く身体なのだ。

まだ、回復する見込みがあるなら、その回復や方法を祈りたい。しかし、その子は天に帰ろうとしているのだ。

そんな子には天への感謝と共に、「穏やかに天に帰れるよう」な祈りが必要である。

天からもらった宝物は、天に返すときがくる。

一緒に過ごせた至福の時間に感謝し、わたしの愛した子が「穏やかに天に帰れるよう」祈る。

「神さま、天から授かったこの子は、たくさんの喜びを私たち家族に教えてくれました。深い感謝を持って、この子を天にお返しいたします。ありがとうございました。どうか、どうか、この子を極楽浄土（天国）へ送ってください。私が逝くその日まで」

そんな心の奥深いところからの感謝と祈りが必要なのだと思う。

天から授かった愛しい子。

愛しても愛しても、愛し足りない愛しい存在。

そんな愛しい存在が、死に逝こうとしている。

あなたにたくさんの人生の喜びと気づきを与えてくれて、お役御免になり、ぼろぼろになった肉体を手放し、天に帰ろうとしている。

そんなその子を前にして「神さま、どうかこの子を助けてください」そんなふうに祈ってはいけない。

あなたの愛しても愛しても、愛し足りない子への、その思いは「愛」であろうか？　死に逝く子に祈る「神さま、どうかこの子を助けてください」その言葉は「愛」ではなく、あなたの願望ではないだろうか？

「愛」とは、自分の願望ではなく、相手のために祈る祈りである。

今、私が苦しいから、その苦しみから逃れるための願望が「愛」ではない。

相手の魂の助けになること。そこに込める祈りだからこそ、神仏に届くのである。

自分の苦しみを飲み込んで、「愛する魂の助けになることを祈る」

そんな苦しみ（煩悩《ぼんのう》）を飲み込んで、咲く愛の華（菩提《ぼだい》）は、この世のものと思えぬほど清らかなものだろう。

この世のものと思えぬほど清らかなものだからこそ、この世のものでない清らかなもの（神仏）と通じるのだ。

これを仏教では「煩悩即菩提《ぼんのうそくぼだい》」という。煩悩は失くすものでも、手放すものでもなく、菩提（悟り）に変えるもの、という意味である。

愛とは我欲ではない。

愛とは一方通行ではない。

我欲とは望んでも望んでもまだ足りず、たとえ望みがかなっても、さらなる我欲による願望を望む。

それは永遠に続く、ゴールのない、進化向上のないメビウスの輪のようだ。

あなたがもがき苦しみながらも我欲を乗り越え、蒔いた煩悩（苦しみ）の種は、あなたが飲み込んだ幾万の涙を糧にして、この世のものとは思えない清らかな菩提（悟り）という華を咲かせるだろう。

この世のものとは思えない清らかな愛の華は、この世のものではない神仏に届く。

神仏はその華に「慈悲《じひ》」という実をつけて、あなたに返す。

切ない思いも悲しみも飲み込んで、あなたに届けられる慈悲の実。

「神さま、どうかこの子にお慈悲を」

あなたはその祈りどおり慈悲の実を受け取り、祈りは叶えられる。

あなたの子は、真っ直ぐに穏やかに天に帰る。

あなたの願望、我欲ではない、「この子のための祈り」

そんな祈りが神仏に届く。

では、私が考える具体的な「祈り＝ヒーリング」方法をご紹介したい。

このようなヒーリング方法はたくさんの種類がある。これこそが正解、というやり方はないので、ご自分に合うものをやるのがいいと思う。

私がご紹介するのは、簡単でだれにでもできる方法をひとつピックアップしてみた。ご興味のある方は、ぜひ実践してみてほしい。

このときに、「うまくいく、いかない」「効果がある、ない」という視点ではなく、もう自分ができることはこれしかない。だから、ただ祈る。

そんな結果に執着しない思いで祈ってほしい。祈りの効果はびっくりするほど、自分でわかることもあれば、わからないときもある。

手ごたえのあるなしが、後になってわかることもある。

期待しない。

願いごとにしない。

ただ、祈る。

そんな気持ちでやってみてほしい。

死に逝く子のために、あなたができるヒーリング法

①立っても座ってもいいが、自分がリラックスできる体勢で。

背中をのばし、合掌する。

②鼻から息をゆっくり吸う。

(このときに、自分が一番好きな場所や自分のパワースポット、気持ちの良いエネルギーに満

ち溢れている場所の気を吸い込むイメージで）
③少し息を止める。
（吸い込んだその気が、光り輝き自分の体中の細胞を満たしていくことをイメージする）
④口から息をゆっくり吐く。
（身体に溜めた気が自分の中の邪気をからめとって、呼気と共に身体から追い出すイメージで）
⑤ゆっくり、３回繰り返す。
（このときに大切なのは、呼吸をすることではなく、そのイメージの内容である）
⑥合掌した手の中に、愛と感謝の思いを込める。
（この子や神仏に対し、語りかける言葉を口に出したほうがやりやすい）

例、「ぽっぽちゃん、ありがとう。みんなあなたを愛しているよ。真っ直ぐに神さまのところへ行ってね」

「神さま、ありがとうございました。この子を安らかに天に送ってください」
⑦その気を込めた手をペットの患部に当てる。
このときに「治す」のでなく「暖める」イメージで。

同時にこの子が光に包まれて天に帰る姿をイメージする。
⑧終わったら、口から大きく息を吐き、「ありがとうございました」で終了する。

祈った後の仕事は、私たちの分野ではない。天の分野になる。

「効果があるなし」を考えず、祈り終わった後、自分自身が癒されていた、自分が落ち着けた、このようなことだけでもよいではないか、と私は思う。

祈った後は、天にゆだねてみよう。

天に返した子のために、あなたができる祈り

前項は末期のペットを穏やかに天に送るための祈りをご紹介した。

この項では、亡くなった後のペットにために、私たちができる祈りをご紹介したい。

数年前に亡くなった子にも、ぜひやってあげてほしい。

ただ、あなたがペットを亡くしたばかりで、まだ悲しみの感情しかなく、強い罪悪感を抱えたままの状態だったら、まだペットのために祈らず、まずは自分の抱えた苦しい感情を放出してほしい。寂しいけれど、切ないけれど、もう愛した子にかける介護などの現実的な時間はないのだ。

今まで、ペットにかけていた時間を自分にかける。

160頁でご紹介した、「ペットロス1　悲しみの号泣から自ら再生する方法」、181頁の「亡きペットが教える悲しみから再生する方法」などを試してみてほしい。

まずは自分の気持ちがある程度癒され、落ち着くことが大切なのだから。そうしないと、「あ

の世でのペットの幸せ」を祈るつもりが、いつの間にか「お母さん、寂しいよぉ〜。もう一度会いたいよ〜」と祈りではなく、天に帰ろうとしているペットの尻尾をつかみ、この世に引きずり戻す呪縛の呪いになってしまう。

そんなときは、ペットのための祈りではなく、自分の体と心のメンテナンスを優先しよう。

あせらなくても大丈夫!

彼岸(あの世)には「時間の概念」がないので、いつ祈り始めても、あなたがペットに祈りを送りたい時間軸に届く。

例えばペットが亡くなって半年後に、亡くなった直後をイメージして祈れば、イメージした亡くなった直後の時間軸に祈りが届く。なんたって、それが「イメージ」だからだ。

パワーがある。

エネルギッシュ。

時間がない。

イメージする。

どれも、私たちが実生活で使う言葉だが、これらにはどれも実体がない。

しかし、形がなくても、これらは私たちの生活の中に確かに存在している。光も目には形として見えないが、存在するものとして計測される。

「イメージがわいてきた！」その後に、そのイメージは文章になったり、絵画になったり、さまざまな造形物となる。

そんな、無から有を生み出し形とするクリエイティブな表現方法もあふれている。

「イメージは物質化する」

そんなイメージ力は誰でも、高めることができる。

まずは、難しく考えず、うまくやろうと思わず、楽しんで実践してほしい。

たとえうまくイメージできなくても、苦しい闘病をしたうちの子が、自分のイメージの中で光の草原を笑いながら、疾走している姿を想像すると、嬉しいじゃないか。

それだけで、いいのである。

あなたのその「嬉しい」という感情が大切なのだ。

繰り返すが、ペットはあなたの感情を読み取るからだ。

祈りのイメージはあなたの感情を乗せて、あの子の元へ届けられる。

どんなことをイメージし、どんな感情を乗せるかは、あなた次第である。

「天に返した子のために、あなたができる祈り」の方法

手順は、250頁の「死に逝く子のために、あなたができるヒーリング法」①〜⑧の項目と同じだが、言葉とイメージを変える2箇所があるだけだ。

⑥の言葉がけの部分の言葉を

「ジョン、たくさんの感動をありがとう」

「ミミ、あなたのお陰でたくさんの出会いがありました。ありがとう」

「たまちゃん、元気ですか？　お母さんも元気になったよ。あなたと暮らせた日々は幸せだった。ありがとう」

などの「天に帰った子への感謝の言葉」に変える。

もう一点は、⑦のイメージの項目。

イメージを左記のように変える。

- 天のお花畑にいるうちの子が、まばゆい光に包まれているイメージ。
- 虹のたもとでたくさんの仲間とともに、幸せに暮らし、私が迎えに来るのを楽しみに待つイメー

ジ。

・天の草原を元気に笑って、疾走しているペットをイメージ。

など、天でペットが幸せに暮らす姿をイメージする。

前項と同じ、一番大切なのは、この「イメージ」の部分だ。

私たちのこの「イメージ」は、真っ直ぐにあの子のもとに届けられる。

このイメージが祈りなのである。

以前、愛犬のご供養をさせてもらった方から、こんな美しいお話を教えてもらった。

◇　◇

あなたが泣いていると、天国の虹のたもとであなたを待つペットはあなたの涙という、どしゃぶり雨に降られる。

他の犬や猫たちは、さんさんと輝く太陽のもと、お花畑で楽しく暮らしながら、飼い主の迎えを待っているのに、あなたのペットだけが、虹のたもとのどしゃぶり地区でビショビショに濡れて震えている。

頭を垂れて、どしゃぶり雨に打たれ続けている。

その雨の正体はあなたの涙。

あなたの悲しい悲しい感情が、いつまでも乾かない涙が、どしゃぶり雨となって、虹のたもとであなたを待つあの子の身体に降り注ぐ。
あなたの愛しい子は、今もひとり、震えながらどしゃぶり雨に打たれている。

◇　◇

このような文章だった。
インターネットからの文章で、転用可ということなので、ご紹介させてもらった。
祈りとは祈りを送ったペットも、祈ったあなたも癒され、救われるものである
祈りの結果どうなるかは、私たちの知るところではない。あなたの祈りが自分の願望ではなく、あの子を思いやるものならば、いつか手ごたえを感じるときがくる、と私は思う。わくわくと楽しみながら、実践してみてほしい。

あとは神仏の仕事である。

※注釈
このイメージの練習や心の安定などのためにも「瞑想」はお勧めの方法のひとつ。私の師僧である大下大圓師が書いた瞑想の本『いさぎよく生きる―仏教的シンプルライフ』（日本評論社）お勧めです。

「してあげる」から「させていただく」世界へ

高野山の言葉にこんなキャッチがある。

「してあげる」から「させていただく」世界へ

初めて読んだ途端、ビビビーときた言葉。

「ああ、いい言葉だなぁ」としみじみ思った。

私たちはうちの子の世話を、やってあげていたのだろうか？

それとも、やらせていただいていたのだろうか？

どこかでこんな名文を読んだ。

犬は自分のために無償でご飯と寝床を用意してくれ、日々の世話までしてくれる人間のことを「神」だと思い、猫は人間が自分に、無償でご飯と寝床を用意してくれ、日々の世話までしてくれるのをみて「自分を神」だと思う。

うまいっ。

神さまのお世話ならまさしく「させていただくもの」

犬猫など種族に限らず、うちの子が元気なときは、「してあげてる感」が強いように思う。それが、うちの子の末期になると、だんだんとやってあげられること、できることが少なくなっていって、最終的には、「私にさせてもらえることがあるのなら、なんでもやらせてもらいたい！」

こんな心境になる人も多いのではないか。

人は、「してあげている」（ああ、なんて美しくない言葉）と思うと、「私がこんなにしてあげてるのに！」

「あなたは何もやらない！」「やることが足りない！」など、日々不満や怒りが溜まっていく。

家族、特に夫婦間はそうだ。不思議と人は、「やってあげたこと」はたくさん覚えているのだが、「やってもらったこと」はほとんど覚えていない。

カウンセリングの言葉に**「あなたのためは自分のため」**というものがある。

「あなたのためでしょ！」と、相手のやってほしいことではなく、実は自分がやりたいことをやっている、という意味だ。

若い頃の私は「してあげる＆あなたのためでしょ！女」だった。

あああああ……恥多き我が人生。

それが、しゃもんと暮らすようになって、犬相手では「言語によるお礼」や「物質的な見返り」がないので、私は徐々に「させていただく世界」を学習できた気がする。

山に行くにしても、キャンプの準備↓買い出し↓長時間の運転↓しゃもんのご飯↓テントセッティング↓しゃもんと山のぼり（8時間）↓しゃもんのご飯↓後片付けなど、とにかく自分ひとりで何から何まで、やることになる。当然だけど。

3日も山にこもるとヘトヘトになり帰宅。翌日はまた仕事。その繰り返しの日々。そんな自分へのご褒美は、山でのしゃもんの姿だ。

しゃもんは、山で犬の本能を爆発させ、一頭のペットから一匹の美しい獣に戻っていく。そんな姿を見ることのできる光栄。

そんなしゃもんの犬本来の姿と、帰りの車でぐっすりと眠るしゃもんの満足気な顔を見る幸せ。ご褒美、以上！　終わりっ。

そんな物資的な見返りがない対ペット相手だと、「させていただく」という謙虚な感覚を持ちやすいのではないかと私は思う。

それが家族間、特に夫婦間になると、「こんなにやってあげてるのに！（同じくらいあんたもやりなさいよ）」という言葉を相手にぶつけやすい。

私が本書で、繰り返しペットのことだけではなく、自分を取り巻く環境や家族、夫婦間、友人間の話をだすのは、「うちの子と私」という視野の狭い関係になりやすい人は、あまりにそこに焦点を当て過ぎて、周囲の人と衝突したり、機能不全になる家庭を見てきたからだ。

若い頃の私は、しゃもんしか目に入らず、ずいぶん周りの人に嫌な思いをさせたり、迷惑をかけたと思う。**ただ、そんな失敗をしないと人は大切なことを学べない。**

自分がそんな失敗を重ねてきたからこそ、私は繰り返し、**ペットだけではなく、周りとの調和の大切さを訴える。**

繰り返すが、家族や周囲のさまざまな形のフォローがあって、ペットとの生活が成り立つのだ。

独身の人も何らかの形で、周りの環境に助けられてきたはずだ。

「現実的な見返り」を認められないペットとの生活。だからこそ、その関係性の中で**「してあげるから、させていただく世界へ」**を学べるチャンスを、私たちはペットからもらっているのではないかと思うのだ。

まずは、うちの子との生活の中で得たその学びを、家族、夫婦間という日常生活の中で、ちょっぴり実践する努力をしてみてほしい。

「してあげる」は、自分だけの世界。自分だけの世界はいつまでたっても、どこまで行っても、自分しか存在しない孤独な世界。

「させていただく」は、他者へとつながる世界。どんどんどんどん無限に外の世界へと広がる世界。

うちの子の世話から離れた少しの時間、そんな新たな世界を体験してみたい。うちの子の生前、あなたはいろんなことを尽くしてきた。

そんなうちの子は役目を終え、天へと帰って逝った。私たちは愛しい子に、あり余る愛情を注いだ。

こんなにも何かを愛することができるのか？

人相手では、愛されることばかりを追い求めがちだったが、ペットと暮らし、初めて知る、ただひたすらに愛する喜び。尽くす幸せ。

うちの子を送った後、あなたがその子との生活の中で得たあふれるほどの愛情のエネルギー。それを次の子を飼う前の少しの間だけでも、世の中にたくさんいる不幸な子に分けてあげることはできないだろうか？

世の中には、あなたのペットがあなたにやってもらったことのただのひとつもやってもらえず、暗黒の生涯を送る子も多い。あなたが天に送った愛しい子に向けた、深く光り輝く愛情を、不幸な子に少しシェアすることはできないだろうか？　どんな援助でもいいと思う。

人と協力してやるボランティア。

自分だけでやるボランティア。

友人同士でやるボランティア。
形はいろいろ。
自分の労働の提供をするボランティア。
フリーマーケットの売り上げを寄付するボランティア。
不幸な子の現状を訴えるボランティア。
内容はさまざま。
あなたが「やりたい！」と思ったこと。
あなたが「これなら私にもできる」と思ったこと。
あなたが「このくらいなら、やってみよう」と思ったこと。
ボランティアの内容や分量は人それぞれだ。
自分が今できること。
自分がわくわくしながらできること。
そんなボランティア活動をぜひお勧めする。
不幸な子をあなたが助ける。
たった1匹でもいい。たった1頭でもいい。
その小さな相手があなたに「いてくれてありがとう」

「あなたがいてくれたから、私は助かりました」

そんな言葉を贈るだろう。

あなたがいてくれたから……

お母さんがいてくれたから……

亡きあの子と同じ、そんなメッセージをくれるだろう。

愛しい子を天に返して、まだ泣いてしまう日も多いあなたに、すがってくる小さな命。

あなたがいたから助かった小さな魂。

あなたはその子を助けると同時に、自分を必死に必要としてくれる存在に救われるのではないか、と私は思う。

不幸な暗黒の闇から、小さな命も救われる。

まだまだ、泣いてしまう日、落ち込むときも多かったあなたも救われる。

「相互愛」

お互いが与える愛。

これこそが「してあげるから、させていただく」世界。

たった1匹、1頭でもいい。

どんな小さなことでもいい。

不幸な子のために何かをやってみる。

あなたが助けたその子は、あなたの新しい生涯のパートナーになるかもしれない。そうだとしたら、そのご縁はあなたの愛した愛しい子が、泣いているあなたに送ったご縁に違いない。

「もう、泣かないで」そんなメッセージとともに。

あなたが助けたその子は里親に行った先で、その家族の愛情を一心に受け、また、その家族へ愛する喜びを教えるだろう。

かつて、あなたとあなたが愛した子がそうであったように。

ほんのささいなことでもいい。

今、あなたにできること。それでいい。

大きなものを変えるのではなく、与えられたことを、今、目の前にあることをひとつひとつ消化していく。

ボランティアをやるなら、あなたが楽しんでできる分量がちょうどいい。

あなたの愛した子はあなたの笑顔が、大好きだったのだから。

あとがき

大切な犬、愛おしい猫との「死という別れ」を思い、重々しく不安な気持ちになる。

胸がつぶれるほど苦しくなる。

私はかつてそんな場所から動けなくなっていました。

あなたも今、そんな場所にいるのだろうか？

自分のペットを抱きしめつつ……その別れを思い震えているのだろうか？

本書を読みながら、また読んだ後、あなたが思い切り泣ける文章があったらいいと願う。

本書を読みながら、また読んだ後、あなたが「これをやってみよう！」と思えることがひとつでもあったらいいと願う。

本書を読みながら、また読んだ後、あなたが今いるその子を天に送ることを思いつつ、また亡きペットを思いつつ、笑顔になれたらいいと願う。

そんな私のエネルギーを込めました。

あなたとあなたの大事な愛犬・愛猫と、あなたのご家族のために私は祈ります。

あなたに大いなるもののご加護がありますように……。

謝辞

本書を書かせていただくにあたり、たくさんの方のご協力・ご支援を受けました。

はじめに、僧侶とは無縁の生活をしていた私を弟子として迎えてくださり、高野山真言宗という伝統の中、正統な修行の道を歩ませてくださる飛騨・千光寺の大下大圓師僧。ありがとうございます。また、本書のチェックに関しましてもご多忙の中、ご丁寧にしてくださり、ありがとうございました。

そして、毎日休みなく、小さき命を守り慈しんでいる保護施設のアイさんやボランティアさん。みなさんに敬意を表すると共に、ご健康と幸せを心から祈ります。ありがとうございます。

私の考え方・生き方のベースを作ってくださったＴＡＯ心理カウンセリング学院の津田政雄先生にも、この場をお借りしまして深くお礼申し上げます。ありがとうございます。

長年ペットライターをやっていたくせに、パソコンを開くと気絶するくらい機械音痴の私に、根気強くパソコンの指導をしてくださった木村寿雄の針灸院の木村先生。本当にありがとうございました。また針灸揉み治療をお願いします。

いつもいつも、仕事や飛騨・高野山と留守がちの私に代わって、自宅を守ってくれている母・澄子さんと猫のはんにゃさん。健康でいてくれて、ありがとうございます。一番ありがたいことです。

本書の出版を快諾してくださったハート出版さま。機械が苦手な私向けにわざわざメールではなく印刷物などにしてくださるなどと、このパソコン時代に（この言い回し自体がすでに時代遅れ）たいへんお手数をおかけ致しました。ありがとうございました。

また、しゃもんの時代から僧侶となった現在まで、私の人生に関わってくださったお一人お一人が、一頭、一匹がこの本を書かせてくださいました。

出会ってくださったことを心から感謝いたします。ありがとうございました。

そして、大いなる力・サムシンググレート、大日如来に、感謝の祈りを捧げます。

最後に……
しゃもん、私のしゃもん。
ありがとう。
天に送ってずいぶんと年月が経つけれど、今も変わらず
愛してる……。

塩田妙玄

合掌

本書は平成二十四年十二月刊『ペットがあなたを選んだ理由』の本文書体を太くした上でカバーを新装した新装版です。

塩田妙玄　しおた・みょうげん

高野山真言宗僧侶／心理カウンセラー／生理栄養アドバイザー／陰陽五行・算命師。前職はペットライター、東京愛犬専門学校講師、やくみつるアシスタント。その後、心理カウンセリング、生理栄養学、陰陽五行算命学を学び、心・身体・運気などの相談を受けるカウンセラーに転身。より深いご相談に対応できるよう出家。飛騨千光寺・大下大圓師僧のもと得度。高野山・飛騨で修行し、現在高野山真言宗僧侶兼カウンセラー。個人相談カウンセリング、心や身体などの各種講座、ペット供養などを受ける。
著書に『だから愛犬しゃもんと旅に出る』（どうぶつ出版）、『たからものを天に返すとき』『捨てられたペットたちのリバーサイド物語』『ねこ神さまとねこおやじ』『ペットたちは死んでからが本領発揮』（以上、ハート出版）、『40代からの自分らしく生きる体と心と個性の磨き方』（佼成出版社）。原作に『HONKOWAコミックス　ペットの声が聞こえたら』シリーズ〈生まれ変わり編〉〈奇跡の楽園編〉〈あなたのやさしい手編〉〈虹の橋編〉〈愛の絆編〉〈保護犬・保護猫奮闘編〉〈命をつなぐ保護活動編〉〈福縁の保護猫・保護犬編〉（画・オノユウリ／朝日新聞出版）

著者サイト「妙庵」 http://myogen.o.oo7.jp/
著者ブログ「ゆるりん坊主のつぶやき」 https://ameblo.jp/myogen/

[新装版] ペットがあなたを選んだ理由

平成24年12月13日　初　版　第1刷発行
令和2年12月10日　初　版　第13刷発行
令和5年9月18日　新装版　第1刷発行

ISBN978-4-8024-0166-1　C0036

著　者　塩田妙玄
発行者　日高裕明
発行所　ハート出版
〒171-0014 東京都豊島区池袋3－9－23
TEL. 03－3590－6077　FAX. 03－3590－6078

印刷・製本　中央精版印刷